faire soi-même les

REVETEMENTS

Marcel GUEDJ

EDITIONS **S.A.E.P.** INGERSHEIM 68000 COLMAR

Les préliminaires

Les revêtements ont pour une première fonction de dissimuler les surfaces de plâtre ou de ciment, de créer un cadre agréable et confortable. Leur choix fait donc appel au goût de chacun, l'objectif restant de parvenir à un ensemble harmonieux, à un mariage heureux des couleurs, des motifs et des matériaux recouvrant les murs et le sol d'une même pièce, de sorte à créer l'environnement qui convient au style du mobilier et, plus généralement, à l'atmosphère de votre intérieur.

Cependant, les revêtements ne sont pas seulement choisis pour leur aspect décoratif. Constituant la surface visible des supports, leur nature devra être adaptée à l'utilisation de la pièce où ils sont posés. Il faut ici apprendre à conjuguer esthétique et pratique pour, par exemple, éviter les matériaux fragiles et salissants dans les chambres d'enfants, utiliser les plus faciles à entretenir pour la cuisine, autant d'éléments qu'il faut avoir à l'esprit lors du choix d'un revêtement.

QUELQUES QUESTIONS PRATIQUES

Vous avez des enfants ou non, vous habitez en pavillon ou en appartement, vous êtes propriétaire ou locataire, etc...

Les considérations pratiques doivent commander votre choix. Quelques exemples vous permettront de vous faire une idée de la façon dont il faut aborder ces questions.

L'ENTRETIEN

C'est l'un des points les plus importants. Les carrelages, vinyles et laques ont précisément gagné leur réputation dans les cuisines et les salles de bains parce qu'il est facile de les nettoyer.

Si vous habitez un pavillon, évitez de recouvrir le sol des pièces donnant sur le jardin d'une moquette de couleur claire;

Carrelage (ci-dessus) ou revêtement vinyle (ci-dessous, Buflon), le revêtement d'une salle de bains doit être étanche.

si vous avez des enfants, attention aux mains pleines de confiture sur les belles couleurs du papier ou d'un textile mural... Si vous n'êtes pas dans ce genre de situation, tenez compte tout de même du temps qu'il vous faudra consacrer à l'entretien de la maison..., à prendre sur vos loisirs!

L'INVESTISSEMENT

Si vous êtes locataire, appelé à court terme à changer de demeure, ne vous lancez pas dans des frais trop importants, encore que cette question relève du jugement et des possibilités de chacun. Il serait néanmoins dommage d'installer un carrelage onéreux, par exemple, si vous n'avez pas l'intention de demeurer longtemps au même endroit. La richesse des coloris et des matières des produits modernes vous permettront de rajeunir et d'animer votre décor quotidien à peu de frais. A vous d'étudier le rapport qualité/prix auquel vous voulez parvenir.

LA POSE

La pose va-t-elle être facile? Demande-t-elle une longue préparation du support pouvant entraîner des frais supplémentaires? Aurez-vous le loisir de la conduire à terme dans des délais raisonnables? Ce sont aussi des questions dont les réponses détermineront le type de revêtement choisi. Si vous disposez de peu de temps, vous vous débarrasserez rapidement de la hantise du papier peint à grosses fleurs de la chambre à coucher, en le recouvrant d'un tissu aux couleurs tendres... En revanche, si vous voulez remplacer le papier de l'entrée par une belle peinture, il faudra décoller le papier et apprêter la surface des murs, autant de travaux qui prennent du temps mais qu'il est indispensable d'effectuer.

LES GOUTS ET LES COULEURS

S'il est un domaine où les goûts et les couleurs se discutent, c'est bien celui des revêtements. Les dimensions de la pièce, son usage, son orientation, le

nombre et la taille des fenêtres sont autant de facteurs déterminants. Les mêmes matériaux, les mêmes coloris ne produisent pas le même effet selon que la pièce est grande ou petite, selon qu'elle est plus ou moins éclairée. Les tons sombres feront paraître une chambre plus petite; des lignes ou des motifs horizontaux "l'agrandiront" au contraire. Le rose, le beige, l'orangé adoucissent la lumière "froide" d'une pièce exposée au nord, tandis que les couleurs vives, comme le bleu, le vert et le jaune dynamiseront un bureau d'étudiant ou une cuisine.

De plus, une couleur ne peut être considérée en soi. On doit au contraire s'efforcer d'imaginer les correspondances, non seulement entre le revêtement du sol et celui du mur, mais également avec les notes que viendra apporter la couleur des plinthes, des moulures et des portes, ces dernières assurant la transition avec les autres pièces de la maison. On peut certes choisir de changer brutalement une ambiance, mais une demeure est un ensemble où l'on doit pouvoir passer d'un lieu à un autre sans rupture brusque.

Dans les salles de séjour ou les chambres, les revêtements des sols et des murs seront la base de l'ambiance et du décor que l'on désire créer.

LA PREPARATION DE MURS

Les travaux préparatoires sont le plus souvent indispensables pour rendre les surfaces aptes à recevoir le revêtement. Ils diffèrent selon la nature du sol ou du mur mais aussi selon le type de revêtement à poser. Une laque, par exemple, ne souffrirait aucun défaut, tandis que le papier peint peut dissimuler les imperfections superficielles. Dans tous les cas, il reste que, précisément pour pouvoir servir de support solide, le mur comme le sol seront, si nécessaire, renforcés, assainis, stabilisés : attention aux fissures mal rebouchées qui risquent ensuite de s'élargir, à l'humidité mal résorbée, dont les traces seront pour un temps seulement cachées par le tissu tendu ou par le papier peint...

Choisissez les couleurs et les motifs de revêtements selon le style du mobilier et l'usage qui est fait de la pièce.

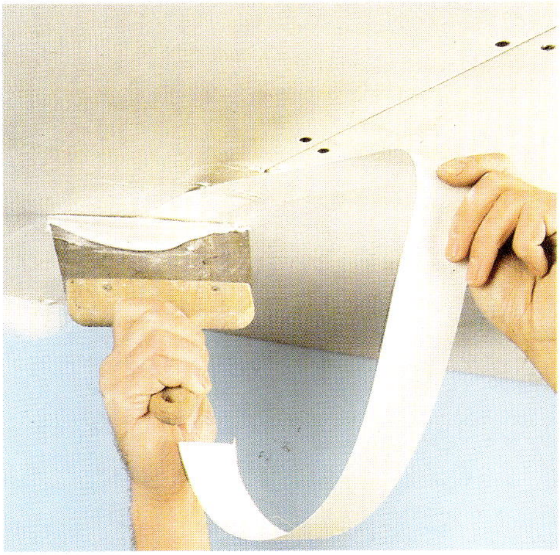

Ci-dessus, à gauche : plaques de plâtre à structure interne alvéolée et deux parements utilisées en cloisonnage.
Ci-dessus : plaque de plâtre rapportée sur un mur existant.
Ci-contre : liaison de deux plaques de plâtre avec calicot.

Si les travaux de rénovation risquent d'être trop importants, vous aurez probablement intérêt à utiliser des plaques de plâtre préfabriquées qui permettent de doubler rapidement la cloison existante. Ces matériaux offrent un parement lisse et propre, à même d'être revêtu. On peut aussi les employer pour diviser une pièce, en cloison de séparation.

LES PLAQUES DE PLATRE

Sous ce terme générique sont regroupés différents matériaux ayant tous en commun une plaque de plâtre en parement. Le plus simple est une plaque de plâtre seule qui se pose contre une cloison existante. Mais on trouve aussi des panneaux comportant une doublure de polystyrène expansé ou de laine de verre, ce qui permet d'isoler une paroi tout en la rajeunissant. Un autre matériau présentant deux parements de plâtre enserrant un réseau d'alvéoles de carton spécial, sert, en particulier, à monter les cloisons de séparation. Dans tous les cas, les faces de plâtre peuvent être peintes, tapissées, recouvertes de tissu, etc·

Elargissement de la fissure avec un grattoir triangulaire.

Humidification de la maçonnerie.

Rebouchage de la fissure.

Ponçage après séchage.

RENOVATION DES CLOISONS

Un revêtement, quel qu'il soit, n'est pas là pour dissimuler les imperfections d'un mur. Bien au contraire, la qualité du support détermine, pour une bonne part, la tenue et la longévité du matériau ou du produit qui viendra le recouvrir. Aussi, est-il indispensable de déterminer les causes de la dégradation de la maçonnerie et d'y remédier. Ainsi, les fissures (dues le plus souvent au travail de la construction ou résultant d'infiltrations d'eau) et les taches d'humidité doivent être traitées avant de pousser plus avant.

REBOUCHAGE DES FISSURES

Une fissure ouverte continuera selon toute vraisemblance à s'agrandir. Il est donc impératif, non seulement de la

Dans certains cas, il peut s'avérer nécessaire de refaire l'enduit.

Brossage du salpêtre sur un mur humide.

reboucher, mais encore, auparavant, de chercher et de résoudre les raisons de son existence (défauts d'étanchéité, faiblesse ou vieillissement de l'enduit, etc.)

❑ Dans le pire des cas, vous aurez à refaire l'enduit entièrement : mieux vaut en effet opter pour cette solution s'il se détache par plaques.

❑ Mais les fissures isolées peuvent être aisément rebouchées à l'aide de produits prêts à l'emp'oi que vous trouverez dans le commerce. Pour cela, commencez par gratter le fond de la fissure pour en éliminer le plâtre mort. Utilisez un grattoir triangulaire qui vous permettra, dans le même temps, d'évaser légèrement le fond de la fissure pour que le produit de rebouchage y tienne mieux. Dépoussiérez puis mouillez la maçonnerie avant de colmater la fissure : ces précautions favoriseront l'adhérence du produit.

❑ Les fissures les plus larges seront recouvertes d'une bande de calicot disposée par-dessus l'enduit de rebouchage puis noyée dans une couche d'enduit.

❑ Attendez le séchage complet puis poncez à l'aide de papier de verre : vous devez obtenir une surface sans différences de niveaux ce qui est particulièrement important si le mur doit être peint ou tapissé.

REMISE EN ETAT DES MURS HUMIDES

Vous distinguerez facilement les parois humides par les taches ou le salpêtre qui les recouvrent. Mais on s'en doute bien : il ne suffit pas de gratter le salpêtre ou de masquer les taches pour que les problèmes soient résolus. Les produits formant une barrière étanche (tels que la feuille de plomb ou la peinture au plomb) ne doivent être posés qu'une fois la cause de l'humidité décelée et supprimée : défauts d'étanchéité de la toiture, des joints de façade; remontées capillaires; condensation. Ces problèmes non réglés, l'humidité poursuivrait son action même sous l'hydrofuge... et si la barrière étanche tiendra la peinture et le papier peint à l'abri du cloquage et du décollement, la maçonnerie se dégraderait inéluctablement, sans même que vous vous en rendiez compte!

PREPARATION A LA PEINTURE, A LA POSE DU PAPIER PEINT ET A CELLE DU CARRELAGE

Si les interventions qui précèdent doivent être conduites préalablement à la

Ci-contre : pose d'une feuille de plomb après traitement d'un mur humide.
Ci-dessous, à gauche : préparation d'un produit de décapage.
Ci-dessous : décapage des parties métalliques.

pose de tout revêtement mural, la préparation des murs à la peinture, à la pose de papier peint ou à celle du carrelage entraîne des travaux spécifiques, en particulier sur les cloisons déjà peintes ou tapissées.

DECAPAGE DES PEINTURES

S'il est possible de repeindre pardessus une ancienne peinture après un léger ponçage du mur pour faciliter l'adhérence de la nouvelle couche, il s'avère le plus souvent nécessaire de décaper les éléments métalliques ou les menuiseries (encadrements des portes et fenêtres). Utilisez pour cela soit un décapant chimique dont l'application se fait au pinceau, soit une lampe à souder dont la flamme brûlera le vieille peinture, soit encore un décapeur à air chaud.

DECOLLAGE DU PAPIER PEINT

Si le papier tient bien, on peut toujours recoller un nouveau papier par-dessus, mais à condition que la première couche (trop sombre, à gros motifs marqués,...) ne risque pas d'altérer les tons du nouveau revêtement.

Préparation d'une solution pour décoller le papier peint.

Imprégné d'un produit spécial, le papier peint se décollera facilement.

Le décapage à la chaleur

Deux solutions : la lampe à souder ou le décapeur à air chaud. Les deux permettent de faire du bon travail en prenant certaines précautions. Veillez en particulier à ne pas tenir la flamme de la lampe à souder trop longtemps au même endroit. Si les risques de brûler le support avec un décapeur à air chaud sont nuls, une lampe à souder vous permettra de travailler là où vous n'avez pas d'alimentation électrique. Comme vous le voyez, chaque appareil présente ses avantages...

Le décollage à la vapeur

Le décollage du papier peut se faire à l'aide de produits spéciaux à diluer dans l'eau et que l'on applique ensuite sur le mur après avoir griffé le papier à décoller pour faciliter la pénétration du mélange.

Mais la vapeur, en humidifiant l'ancienne colle, permet de décoller rapidement le papier. La décolleuse à vapeur est ainsi surtout appréciée lorsqu'on a de grandes surfaces à traiter. Il n'est pas nécessaire de l'acheter : on peut la louer pour la durée des travaux.

❑ Le problème se pose de la même façon pour la peinture, encore qu'il faille davantage de couches pour compenser l'absorption du produit par le papier. Bien sûr, il reste préférable d'arracher le vieux papier, ce qui donnera une surface nette et plane, et ce qui est de toute façon indispensable pour le passage d'une laque.

❑ Ceci est également primordial si vous devez poser du carrelage, le poids de ce dernier risquant d'arracher le papier peint, même s'il tient bien. Une fois les plâtres mis à nu, appliquez un durcisseur sur les surfaces tendres (que l'on raye facilement) ou égrénez les plâtres durs. Rebouchez les trous, même les plus petits si vous avez choisi de peindre.

Fixation des lames d'un parquet qui doit être recouvert d'un autre revêtement.

LA PREPARATION DES SOLS

Les sols sont déjà recouverts de carrelage ou de moquette? Selon leur état et le revêtement envisagé, vous pourrez poser par-dessus ou au contraire les mettre à nu. Par exemple, la moquette doit être retirée si vous voulez carreler, mais elle peut aussi constituer une excellente sous-couche à une nouvelle moquette. Le carrelage peut lui-même être recouvert de carrelage ou de moquette, à condition qu'il ne présente pas de défauts de scellement; mais si vous désirez poser un parquet de recouvrement, il faudra le déposer. Dans tous les cas, le sol doit être à même de recevoir le nouveau revêtement et son produit de fixation (colle, adhésif, mortier, etc.).

LES ANCIENS CARRELAGES

Ils peuvent être conservés s'ils sont en bon état, dans certains cas : pose de moquette, de vinyle ou de nouveaux carreaux. Dégraissez-les pour permettre l'adhérence de la colle (pour les dalles de vinyle) ou celle de l'adhésif double-face (pour les revêtements en lés) : utilisez du trichloréthylène. Si vous posez un nouveau carrelage, utilisez de la soude caustique.

Enfin, si la surface carrelée présente de légers défauts de surface, coulez un produit de ragréage autolissant (voir plus loin).

DECOLLER LA MOQUETTE

C'est indispensable si vous posez du parquet, du carrelage ou du vinyle. Vous ne rencontrerez aucune difficulté si le revêtement a été posé "librement" (sans collage) : dans ce cas, il ne tient que par des bandes d'adhésif double-face disposées en périphérie ou à la ligne de jonction entre deux lés. Vous rencontrerez très certainement davantage de problèmes si la moquette a été collée en plein : en l'arrachant, des morceaux du dossier restent bien souvent collés au sol. Il faut les éliminer avec un solvant adapté ou par brûlage.

DECOLLER UN REVETEMENT VINYLE

Contrairement à la moquette, un revêtement vinyle peut être recouvert de carrelage, toujours à condition que celui-ci soit en bon état : des produits spéciaux que vous trouverez dans le commerce le permettent désormais.

Il est extrêmement difficile de décoller des dalles de vinyle (les lés sont généralement posés à l'aide d'adhésif) et l'on doit le plus souvent utiliser la flamme du chalumeau pour en éliminer toutes traces.

LES ANCIENS PARQUETS

Il est aussi possible de carreler par-dessus un parquet si les lames de ce dernier tiennent bien et si la structure du

Les principales étapes du ragréage d'un sol : le produit (dilué dans de l'eau) est étendu puis lissé et enfin poncé après séchage.

plancher peut supporter la charge supplémentaire (demandez conseil auprès de professionnels). On peut aussi, bien sûr, revêtir un parquet de moquette ou de vinyle.

Mais rien n'est plus désagréable que de ne pas pouvoir intervenir pour faire cesser le bruit d'une lame qui grince sous la moquette... Rien n'est plus déplaisant que de sentir les lamelles d'un parquet mosaïque se décoller et de constater, impuissant, qu'elles déforment la moquette!

Il est donc essentiel de préparer très soigneusement le parquet : fixation des lames qui grincent, rebouchage des interstices les plus larges, décapage, dégraissage, lessivage. Si les travaux sont trop importants, recouvrez le parquet d'un produit de ragréage.

Les sols humides

Quelle que soit son origine (condensation ou remontées capillaires), l'humidité des sols peut et doit être combattue : drain périphérique autour de la maison, étanchéisation des fondations et de la dalle, amélioration de la ventilation, etc. Vous trouverez, dans tous les cas, les produits qu'il vous faut.

RAGREAGE DES SOLS

Cette opération vise à rattraper la surface d'un sol et à lui donner une meilleure consistance. On l'effectue à l'aide d'un produit adapté (une sorte de ciment) à mélanger à de l'eau. Le produit dilué est dit "autolissant", car il occupe de lui-même toute la surface à recouvrir, après qu'il a été déversé sur le sol. Après séchage, suivi éventuellement d'un léger ponçage pour éliminer les petites aspérités, le sol est prêt à recevoir le revêtement.

La peinture

Les possibilités multiples de décor qu'elle permet, sa facilité de mise en oeuvre et les qualités esthétiques et techniques des produits actuellement commercialisés font de la peinture l'un des revêtements les plus couramment employés. Toutefois, avant d'examiner les préparatifs et sa mise en oeuvre elle-même, il faut nous pencher sur les caractéristiques des principaux types de peinture pour en apprécier l'usage.

LES PEINTURES

L'élément de base d'une peinture est son "liant", matière mise en solution (avec du white-spirit) ou en émulsion (avec de l'eau). Ainsi, le solvant employé donne ses premières caractéristiques au produit. Viennent s'ajouter les pigments colorants et les matières de charge : ces dernières donnent, en particulier, son pouvoir couvrant à la peinture. Enfin, certains additifs lui sont incorporés pour la préparer à des emplois bien précis : hydrofuges, antirouille, fongicide, etc.

Il existe donc deux principales catégories de produits, les peintures en émulsion et celles en solution, auxquelles viennent s'ajouter les peintures d'impression. Ces dernières, appliquées en sous-couches sur des supports poreux, sont recouvertes de la peinture utilisée en finition (émulsion ou solution). Cependant, le produit employé en finition peut servir de sous-couche une fois dilué à 15% de son solvant (white-spirit, essence de térébenthine, eau) qui doit être mentionné sur l'étiquetage. En outre, vous trouverez des peintures spéciales : pour plafonds, pour sols, antirouilles, ignifuges, hydrofuges, pour façades, etc.

LES PEINTURES ACRYLIQUES

Les anciennes peintures à l'eau ont presque totalement disparu. Elles sont remplacées, pour une bonne part, par les acryliques en émulsion, qui présentent l'avantage sur leurs aînées, d'être lavables et beaucoup plus résistantes. Réservez leur emploi pour l'intérieur, hormis les salles de bains et les cuisines. Elles présentent un aspect mat ou satiné ou encore, mais plus rarement, brillant.

Notez que l'on trouve des acryliques en solution, spécialement adaptées pour les façades.

LES PEINTURES VINYLIQUES

Il s'agit là encore d'"émulsions", dont le solvant est donc l'eau. Elles présentent sensiblement les mêmes caractéristiques que les précédentes et se prêtent, en conséquence, aux mêmes usages. Néanmoins, elles ne seront pas retenues pour l'extérieur, du fait de l'absence quasi totale de résistance à l'humidité.

LES PEINTURES GLYCEROPHTALIQUES

Peintures en solution, les laques glycérophtaliques sont d'une parfaite résistance à l'eau et à l'humidité. Une fois sèches, elles forment un film étanche. D'aspect mat, satiné ou brillant, les peintures glycérophtaliques trouvent leur emploi à l'intérieur comme à l'extérieur, sur la maçonnerie, le bois et le métal.

LES PEINTURES POLYURETHANES

Il s'agit aussi de produits en solution, proches des glycérophtaliques mais encore plus performants... et plus chers. Elles ont ainsi mérité, elles aussi, le nom de "laque" par lequel on les désigne couramment.

LES PREPARATIFS

Indépendamment du goût de chacun pour l'aspect (mat, satiné ou brillant) et les coloris, le choix de la peinture doit avant tout tenir compte du lieu où le produit doit être appliqué ainsi que de la nature du support. Vous devez trouver, sur les étiquettes, un certain nombre d'informations qui finiront de vous éclairer (aspect, pouvoir couvrant, diluant recommandé, temps de séchage, etc.). Notez à ce propos que si l'étiquetage n'est pas obligatoire, il est fortement conseillé par l'AFNOR (Association Française de NORmalisation) et l'AFEI (Association Française pour l'Etiquetage d'Information).

LA QUANTITE DE PEINTURE NECESSAIRE

Commencez par calculer la surface à peindre et faites ensuite le rapport en nombre de pots, en fonction du pouvoir couvrant de la peinture retenue. Multipliez par deux la quantité obtenue si vous devez passer deux couches. Prévoyez un peu plus si le support est poreux; un peu moins, s'il est déjà peint d'une couleur proche de la nouvelle peinture.

Achetez toute la quantité de peinture nécessaire de préférence en une seule fois : cela vous évitera d'éventuels problèmes de raccords.

L'EQUIPEMENT

Il dépend pour beaucoup des travaux que vous avez à entreprendre, mais vous pourrez néanmoins vous confectionner une panoplie qui rassemblera les instruments de base. Ne lésinez pas sur la qualité du matériel, même si cela vous revient plus cher : le résultat est largement conditionné par la qualité de l'outillage. Le prix des pinceaux (on les appelle "brosses") et des rouleaux n'est certes pas très élevé à l'unité mais il peut finir, au total, par représenter une belle somme, surtout qu'il viendra s'ajouter au prix de la peinture. Cependant, un bon matériel bien entretenu servira longtemps.

❑ Vous aurez donc besoin de brosses rondes, pour peindre les murs, de brosses plates (ou queues-de-morues) pour passer la laque, de brosses à réchampir, pour les travaux délicats, de pinceaux à virole coudée, qui permettent de peindre les éléments des radiateurs. Vous devrez également vous équiper de rouleaux, indispensables pour couvrir rapidement les grandes surfaces. Vous en trouverez de différentes sortes : mousses, pour les laques; à poils ras et velours pour les peintures glycérophtaliques; à poils longs en peau de mouton, pour les peintures vinyliques et acryliques. Achetez aussi le diluant nécessaire, en quantité suffisante pour le mélanger à la peinture elle-même selon les indications que vous trouverez sur le pot, mais aussi pour nettoyer votre matériel après usage.

❑ Tel est l'équipement de base dont vous aurez besoin. Munissez-vous aussi de bacs spéciaux (que l'on appelle "camions") assez larges pour le rouleau et d'une grille d'essorage. Notez que les tampons laqueurs donnent de très bons résultats.

❑ Par ailleurs, pensez à votre équipement vestimentaire : évitez les vêtements amples qui risquent de vous gêner dans vos mouvements; prévoyez un bonnet et éventuellement des gants de caoutchouc.

Vous devez pouvoir travailler à l'aise et porter des vêtements qui ne craindront pas les éclaboussures.

❑ Enfin, si vous devez peindre en hauteur, servez-vous d'un solide échafaudage ou d'une planche placée entre deux escabeaux : vous devez pouvoir vous déplacer sans risque. Pas d'équilibre!

LA PREPARATION DES SUPPORTS

Après avoir remédié aux défauts de la maçonnerie (voir plus haut), lessivez le mur avec de l'eau additionnée de lessive Saint Marc (50 g de lessive par litre d'eau : bien dégraissé, le support tiendra mieux la peinture. Sur les murs en ciment, passez un neutralisant qui aura pour effet de combattre l'alcalinité du matériau. Sur les plâtres neufs, une couche d'impression évitera au mur de "boire" la peinture.

❑ Les sols (planchers, ciment et même carrelage) ne demandent pas d'autres préparatifs qu'un bon décapage, un dégraissage et un rinçage après leur éventuelle remise en état.

❑ Enfin, les menuiseries seront débarrassées de la vieille peinture qui les recouvre à l'aide de décapants chimiques, de la lampe d'un chalumeau ou d'un décapeur thermique. Si nécessaire, rebouchez les trous avec un bouche-pores.

LA MISE EN OEUVRE

Commencez par protéger les zones de la pièce qui ne sont pas à peindre, soit à l'aide de bâches ou de papier journal, soit à l'aide de ruban adhésif pour les parties les plus petites. Si vous repeignez la façade, recouvrez les massifs de fleurs à proximité.

❑ Si vous devez peindre le plafond, commencez toujours par là : vous ne risquez pas de le souiller par la suite.

❑ Avant de vous mettre au travail, préparez aussi votre matériel : laissez tremper les rouleaux dans de l'eau pendant quelques heures avant de les utiliser; retroussez les poils des brosses afin de détacher ceux qui tiennent mal.

❑ Préparez aussi la peinture. Si vous désirez un blanc cassé, employez un colorant à mélanger à la peinture. Diluez la peinture avant de vous en servir, avec le produit adapté (eau, white-spirit, essence de térébenthine). Effectuez les mélanges, pour éclaircir une couleur par exemple. Si vous ne pouvez vous rendre compte du résultat dans le pot, étendez un peu de peinture sur un panneau de bois.

❑ Telles sont quelques unes des opérations qui vous attendent. Surtout, mélangez convenablement la peinture de sorte que tout le contenu du pot soit homogène. Utilisez un bâtonnet ou, mieux encore, un agitateur entraîné par le mandrin d'une perceuse.

PEINDRE UN MUR

Travaillez toujours de haut en bas. Que vous utilisiez un rouleau ou une brosse, croisez les passes horizontales et verticales. Ne chargez pas trop de peinture : les débutants font souvent

Avant de commencer à peindre, lessivez le mur avec de l'eau additionnée de lessive Saint-Marc.

Trempage et essorage d'un rouleau avant utilisation.

Les poils de la brosse sont retroussés afin d'éliminer ceux qui tiennent mal.

Addition d'un colorant.

Tamisage de la peinture.

cette erreur, croyant aller plus vite ou mieux couvrir le support. Seules les couches minces donnent de bons résultats. De plus, c'est la seule façon d'éviter les coulures, qu'il n'est pas toujours aisé de rattraper. Egouttez la brosse (sur un fil de fer tendu en travers du pot) ou essorez le rouleau sur la grille à chaque fois que vous les trempez dans la peinture. Ne plongez jamais la brosse jusqu'à la virole.

Progressez par surfaces de 50 cm carrés environ. Si vous peignez deux murs formant un angle, commencez par recouvrir le coin à l'aide de la brosse : le rouleau ne pourrait y accéder.

L'essentiel est de bien tirer la peinture, particulièrement s'il s'agit d'une laque. Pour cette dernière, il faudra poncer la première couche à l'aide de papier

Mélange de la peinture (avec un agitateur monté sur la perceuse).

Le travail commence par les angles.

Poursuite du travail au rouleau.

Mélange de la peinture au white-spirit.

de verre à grains fins pour faciliter l'accrochage de la seconde couche (la peinture étant très lisse, la couche suivante glisserait par-dessus).

Ces indications vous permettront de peindre sans problème. Cependant, des ennuis de différentes sortes peuvent se présenter :

❑ **les coulures** : la peinture était trop liquide ou le rouleau (ou la brosse) trop chargé. Poncez délicatement au papier de verre à grains très fins une fois qu'elles auront séché.

❑ **les cloques** : crevez-les avec la pointe d'une aiguille; si elles subsistent, grattez-les et repassez de la peinture à leur emplacement.

❑ **la peinture frise** : c'est qu'elle n'a pas été assez tirée ou que la seconde couche a été passée avant que la pre-

mière ait complètement séché. Ceci est plus ennuyeux, car il faut poncer toute la surface puis repasser une couche de peinture.

Pour terminer ce sujet, un dernier conseil : lorsque vous peignez un mur, commencez toujours par passer des bandes de peinture de chaque côté, en haut (sous le plafond) et au-dessus des plinthes avec une brosse ronde. Vous pourrez ensuite poursuivre au rouleau, sans craindre de salir les murs voisins, le plafond ou les plinthes.

Comment peindre un radiateur

Avec un pinceau droit, il est impossible d'accéder à toutes les tubulures de l'appareil, en particulier à leur arrière. Aussi utilise-t-on une brosse à virole coudée (photo ci-contre). On peut aussi se servir d'un pistolet : la peinture est alors uniformément diffusée, mais gare aux traces sur le mur et au sol! Vous n'aurez rien à craindre si vous prenez le temps de protéger les surfaces voisines à l'aide de papier journal, par exemple. Et vous irez certainement plus vite.

A bas la poussière!

La poussière est l'une de vos ennemies les plus redoutables : ne la réveillez pas! Lorsque vous peignez, évitez tous courants d'air qui pourraient la soulever et la déposer... sur la peinture fraîche.

PEINDRE UNE PORTE

Cette opération ne pose aucun problème s'il s'agit d'une porte plane bien entendu. En revanche, si la porte comporte des moulures que vous voulez faire ressortir d'une couleur différente, une grande précision sera nécessaire.

Commencez par rattraper les éventuels défauts que le bois présente à l'aide de pâte à bois. Poncez ensuite avec du papier de verre. Pour les endroits difficiles, servez-vous d'une brosse à réchampir dont les poils, taillés en pointe, permettent de travailler avec précision. Pour le reste, utilisez une brosse plate.

PEINDRE UNE FENETRE

Le principe est le même que celui exposé précédemment. Par ailleurs, pour vous éviter d'avoir à nettoyer les vitres sur lesquelles la peinture aurait débordé, prenez la précaution de disposer des bandes de ruban adhésif en périphérie. Si le bois est déjà recouvert d'une peinture, décapez-la si elle est en mauvais état ou contentez-vous de la poncer si elle peut être recouverte.

Une dernière chose : employez une peinture polyuréthane, résistante à l'humidité, en particulier pour les parties extérieures.

Dégondez-les!

Pour peindre une porte, comme pour peindre une fenêtre, il est toujours préférable de travailler à plat, la porte ou le battant posé sur deux tréteaux. Vous opérerez ainsi beaucoup plus commodément, et vous éviterez les coulures.

Utilisation d'une brosse à réchampir.

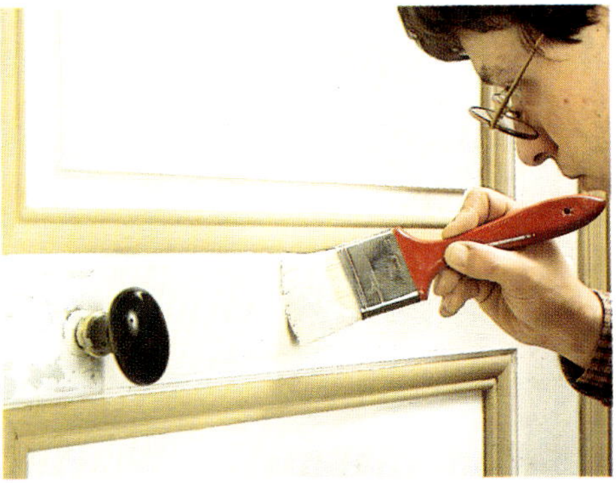

Utilisation d'une brosse plate.

Notez le ruban adhésif qui protège les vitres.

Tampons laqueurs.

REPEINDRE UNE FACADE

Il n'est pas très difficile et par ailleurs il est souhaitable, bien souvent (pour l'économie que l'on réalise) d'effectuer ce travail soi-même. Mais ne sous-estimez pas non plus l'ampleur de l'opération qui vous demandera du temps, même si la maison n'est pas très grande.

Mettez toutes les chances de votre côté pour travailler dans de bonnes conditions, seule façon d'obtenir de bons résultats : prenez le temps d'installer un solide échafaudage (que vous louerez); sauf pour des interventions ponctuelles, travailler avec une seule échelle est impensable, voire dangereux.

PREPARATION DU SUPPORT

Examinez tout d'abord la façade pour repérer et évaluer les zones sur lesquelles il faudra intervenir en priorité : fissures, taches d'humidité, moisissures, etc. Gratter la vieille peinture là où elle s'écaille et faire sauter l'enduit là où il sonne creux vous aidera à les découvrir.

De petits échafaudages ou des échelles à combinaisons peuvent suffire pour des petits travaux.

❑ Grattez les fissures et rebouchez-les avec un enduit pour extérieur. Eliminez les mousses, moisissures et traces de salpêtre et appliquez un produit hydrofuge à leur emplacement. Cherchez la raison de ces taches : vérifiez qu'il n'y a pas de fuite au niveau de la gouttière ou tout simplement que celle-ci n'est pas bouchée; assurez-vous de l'étanchéité des joints sous un balcon ou d'une terrasse, des raccords des descentes d'eau. Si l'humidité remonte par le sol, le plus sage est de consulter un professionnel.

❑ Que les surfaces soient en ciment ou en béton (crépi), ou qu'il s'agisse de briques ou de pierres (dans ce dernier cas vous aurez probablement à refaire les joints ici ou là), elles seront correctement mises à nu et dépoussiérées avant d'être peintes. Si la façade est en bon état, simplement sale, contentez-vous de la lessiver (5 litres d'eau pour 1 litre d'eau de Javel) avant de la repeindre.

Ces préparatifs terminés, vous pourrez passer à le peinture. Il est bon d'appliquer, en sous-couche, un enduit spécial qui améliorera l'étanchéité.

PEINTURE

N'entreprenez rien s'il y a du vent : les poussières viendraient souiller la peinture fraîche. Protégez toutes les parties qui ne sont pas à peindre ainsi que les végétaux à proximité et les zones qui pourraient recevoir des projections de peinture.

❑ Utilisez une peinture spéciale pour façades : acrylique, bon imperméabilisant et séchant rapidement; à la pliolite, qui forme un film étanche mais qui laisse respirer la maçonnerie. Vous pourrez aussi opter pour un crépi plastique ou encore un revêtement transparent, qui laissera les briques ou les pierres apparentes. Tous ces produits s'appliquent au rouleau, par passes croisées. Commencez par le haut de la façade. Appliquez une seconde couche après séchage de la première.

❑ Pour les menuiseries extérieures (portes, fenêtres, volets), choisissez une peinture glycérophtalique, un vernis (transparent ou teinté) ou encore une lasure (produit d'imprégnation décoratif). Appliquez ces produits après décapage de l'ancienne peinture et ponçage léger du bois. Sur les bois neufs, passez au préalable un bouche-pores.

❑ Pour les parties métalliques (volets, gouttières, rambardes de fenêtres), il est primordial de gratter les points de rouille ou de dégraisser le métal neuf (au trychloréthylène pour les métaux ferreux, à l'essence minérale pour les autres). Passez une couche d'antirouille avant la peinture de finition (en deux couches) ou tout simplement deux couches de peinture glycérophtalique antirouille.

Réalisation d'un crépi décoratif.

Avant de commencer à peindre, arrosez la terre et le sol autour de la maison pour y fixer les poussières. Travaillez par beau temps mais évitez de le faire sous les rayons directs du soleil qui provoqueraient une évaporation trop rapide du revêtement.

PEINDRE LE SOL

La peinture d'un sol permet de le rajeunir et de le protéger. De plus elle contribue à "éclairer" le local, ce que l'on appréciera dans un garage par exemple. Selon qu'il s'agit d'un parquet ou d'un sol en ciment, il faudra lui dispenser des préparatifs spécifiques et utiliser les produits adaptés.

LES PARQUETS

Tout d'abord, décapez le support (décireur), poncez (servez-vous d'une ponceuse à bande de préférence) et finissez de dégraisser les taches que ces travaux préalables auront révélées. Rebouchez aussi les interstices entre les lames et améliorez la fixation de ces dernières par clouage (chassez les pointes dans le bois).

❑ Protégez les plinthes avec du ruban adhésif avant de commencer la peinture. Dépoussiérez très soigneusement le support.

❑ Utilisez une peinture polyuréthane ou un vitrificateur couleur dont il faut mélanger les deux composants au moment de l'application. Travaillez les fenêtres grandes ouvertes. Passez la peinture à l'aide d'une brosse plate large, en commençant par un angle opposé à la porte. Travaillez à reculons. Laissez sécher la première couche 24 heures avant d'appliquer la seconde. Passez trois couches au total. Poncez légèrement et dépoussiérez entre chaque couche. Si vous voulez des rayures décoratives, utilisez du ruban adhésif pour masquer les parties qui ne sont pas à peindre pour protéger les autres bandes de couleur : cela vous demandera plus de temps, mais le résultat le vaut bien.

LES SOLS EN CIMENT

Commencez par égaliser la surface du sol. Pour cela, dégagez les petites aspérités avec un burin et un ciseau de maçon, ou encore avec une pierre au carborundum. Dépoussiérez et dégraissez si besoin avec du trychloréthylène. Si vous lessivez toute la surface du sol, laissez-la sécher avant de passer à la peinture.

❑ Choisissez une peinture résistante à l'usure et aux détergents : les plus performantes, que l'on réservera pour les sols largement sollicités, sont à base de résines époxides et polyuréthanes. Elles sont à deux composants qu'il faut mélanger avant application. Vous trouverez également des peintures acryliques ou alkydes.

❑ Passez la peinture au rouleau. Travaillez la fenêtre ouverte, les odeurs étant toxiques. Surtout ne fumez pas pendant votre travail. Passez la deuxième couche 24 heures après la première, et attendez encore quelques jours avant de remettre les accessoires ou le mobilier à leur place.

ENTRETIEN DU MATERIEL

La seule façon de conserver brosses et rouleaux, c'est de les nettoyer immédiatement le travail fini. Essorez au mieux le matériel et essuyez-le sur du papier journal pour le débarrasser au maximum de peinture. Laissez-le ensuite tremper dans le diluant préconisé et terminez en le lavant à l'eau savonneuse. Ainsi, les poils garderont toute leur souplesse. Pour finir, rangez votre matériel, les pinceaux suspendus tête en bas.

Si, par mégarde, vous avez laissé la peinture sécher sur un pinceau, vous pourrez "récupérer" l'instrument avec un produit spécial que vous trouverez (bien difficilement) dans le commerce.

Peinture d'un parquet (brosse plate).

Peinture d'un sol en ciment (rouleau).

Si vous avez taché un vêtement, commencez par enlever le maximum de peinture avec un couteau. Placez ensuite du coton sous la tache et imbibez le tissu d'essence de térébenthine qui va "chasser" la peinture sur le coton. Répétez l'opération et remplacez le coton jusqu'à ce que la tache ait disparu.

Pour conserver la peinture

Refermez bien les pots et rangez-les posés à l'envers. Vous empêcherez ainsi le durcissement de la surface du produit, qui intervient lorsque la peinture est au contact de l'air.

Pour conserver votre matériel en bon état, nettoyez-le immédiatement après utilisation ; la peinture sèche, il serait plus difficile de l'enlever. Utilisez le solvant adapté (ici du white-spirit) puis de l'eau savonneuse.

Le papier peint

Le papier est l'un des revêtements les plus traditionnels, l'un des plus pratiques à poser et en même temps l'un de ceux qui offrent le plus de possibilités de décorations. Chacun y trouvera de quoi satisfaire ses goûts et pourra parvenir aisément à un résultat durable, à condition de choisir le matériau qui convient à la pièce où il doit être posé, de se servir du matériel et des techniques qu'il faut pour le poser.

LE CHOIX D'UN PAPIER PEINT

Le choix d'un papier peint doit tenir compte, avant même de rentrer dans des considérations économiques, de trois facteurs : son aspect, le lieu qu'il doit tapisser et comment il sera posé. Chaque grande catégorie de papier peint sera examinée en conséquence.

LES PAPIERS CLASSIQUES

Il s'agit de papiers imprimés ou décorés : ils servent généralement de fond à la pose d'un autre papier ou à la peinture. Ils permettent donc de masquer les petites inégalités du support. Il s'agit :

❑ **des papiers à peindre**, gaufrés, qui se posent directement sur le mur mais qui peuvent aussi recouvrir un papier peint de couleur foncée que l'on désire peindre en clair;

❑ **des papiers d'apprêt**, qui servent de couche à la pose d'un autre papier.

LES PAPIERS VINYLES

Résistants aux déchirures, rendus imperméables grâce à une couche de polychlorure de vinyle (PVC) étendue sur un support papier, souples, lessivables, les papiers vinyles, à mi-chemin entre les revêtements plastiques et le papier peint, se posent comme ce dernier et présentent les qualités du premier. Tout cela en fait des matériaux adaptés aux salles de bains et aux cuisines, au premier chef, mais aussi à d'autres pièces de la maison, en particulier les chambres d'enfants. On en trouve de différentes sortes :

❑ **les floqués**, appelés ainsi car ils présentent un décor obtenu par flocage (c'est-à-dire saupoudrage) d'une matière textile. Ceci leur donne l'aspect de "velours", autre nom par lequel on les désigne.

❑ **les gaufrés**, présentant des motifs en relief (d'où leur nom);

❑ **les ingrains**, auxquels ont été incorporées en surface des particules de bois ou d'autres matières, ce qui leur donne un aspect bien reconnaissable;

❑ **les métallisés**, feuille de métal plastifié sur support papier; fragiles et onéreux, ils permettent de créer de très jolis décors.

LES TEXTILES CONTRE-COLLES

Contrecollés sur support papier, ces matériaux associent les qualités et la chaleur du tissu à la facilité de pose du papier peint. D'une beauté relativement délicate, ils ne présentent pas les mêmes facilités d'entretien que les papiers vinyles. Ils trouvent donc leur usage davantage dans les chambres et dans les salles de séjour.

❑ Au moment de choisir le papier, tenez compte aussi des difficultés que sa pose peut présenter. Les plus difficiles à poser sont les moins épais, qui risquent de se déchirer. Les plus lourds cependant (les gaufrés et les velours) sont assez fragiles : ils se tachent facilement.

❑ Les papiers peints les plus simples à poser sont les émargés sans raccord (ou à raccords libres). Les lés sont collés à joints vifs (on dit encore bord à bord).

❑ Les papiers à raccords sont un peu plus complexes à installer (il faut faire correspondre les motifs d'un lé à l'autre), mais avec les indications que vous trouverez et avec un peu d'expérience, vous ne rencontrerez aucun problème.

Le papier peint est l'un des revêtements les plus traditionnels mais aussi l'un des plus modernes. Choisissez-le selon la pièce où il sera posé ! ...

❑ Notez enfin que les préencollés, qu'il suffit d'imbiber avant de les afficher au mur, ne présentent, eux, aucune difficulté. Tout juste est-il parfois nécessaire d'encoller le mur au préalable afin de faciliter la suite du travail.

LA QUANTITE NECESSAIRE

Le papier peint est vendu en rouleaux. Pour évaluer la quantité de rouleaux nécessaire, mesurez la hauteur des murs à recouvrir et le périmètre de la pièce. Vous pourrez ensuite déduire le nombre de rouleaux qu'il vous faut, sachant que leur longueur normalisée est de 10,05 m et qu'ils font 0,53 m de large.

Ajoutez environ 10% à votre résultat car il faudra araser et, pour ce faire, laisser dépasser légèrement chaque lé en haut et en bas du mur. Par ailleurs, incluez la largeur des portes et des fenêtres au moment du relevé du périmètre de la pièce : faites comme si les ouvertures n'existaient pas. Rassurez-vous, un peu d'excédent est toujours le bienvenu, en particulier si l'on a à effectuer quelques réparations, dans l'immédiat ou plus tard. Si vous devez poser du papier à raccords, prévoyez un peu plus en raison du décalage auquel vous serez contraint pour faire correspondre les motifs.

LE MATERIEL NECESSAIRE

Le matériel nécessaire à la pose du papier peint est certes spécifique mais relativement limité. Vous aurez besoin d'une table à encoller, ou plus simplement de deux tréteaux et d'une planche, de colle, d'une brosse, d'une brosse à maroufler, à l'aide de laquelle on applique les lés contre le mur, d'un fil à plomb pour déterminer la première ligne de pose, d'une roulette à joints et d'un cutter ou d'une paire de ciseaux pour les arasements. Rassemblez votre matériel avant de vous mettre au travail. Selon l'état du support, vous devrez compléter votre panoplie :

❑ **pour gratter la peinture** qui s'écaille, un couteau à enduire ou un grattoir,

❑ **pour reboucher les fissures**, de l'enduit, éventuellement du calicot et du papier de verre,

❑ **pour décoller le vieux papier** en trop mauvais état pour être recouvert, une brosse métallique, un couteau de peintre et un produit adapté, ou mieux encore, une décolleuse,

❑ **pour préparer les surfaces** qui ne demandent pas d'autres interventions, une éponge et de la lessive Saint Marc.

Quand vous achetez du papier peint...

Efforcez-vous d'acheter en une seule fois toute la quantité de papier dont vous avez besoin. N'ayez pas d'hésitation : autant en acheter un peu plus qu'en manquer. Ainsi, vous ne prendrez pas le risque de tomber sur un lot différent, ce qui pourrait être le cas si vous deviez compléter votre achat un peu plus tard. En effet, les nuances des coloris ne sont pas toujours parfaitement identiques d'un lot à l'autre.

LA POSE

S'il n'est pas nécessaire de sortir tous les meubles de la pièce avant de commencer la pose du papier peint, il faut néanmoins pouvoir se déplacer librement et, pour cela, si la superficie de la chambre le permet, rassembler le mobilier au centre.

Recouvrez le tout d'une bâche ou d'une vieille couverture.

Par ailleurs, si vous avez décidé de peindre les plinthes, les portes, les fenêtres pour compléter votre travail de rénovation, faites-le avant de poser le papier.

Si vous avez besoin de vous confectionner un mini-échafaudage, faites-le à l'aide d'une planche posée entre deux escabeaux. Si la longueur de la planche est supérieure à 1,50 m, doublez cette dernière ou soutenez-la en son centre par un objet placé en dessous. N'oubliez pas aussi, avant de monter sur votre échafaudage, de condamner les portes devant lesquelles il est peut-être établi.

LA PREPARATION DES LES

Commencez par découper des longueurs de papier correspondant à la hauteur sous plafond augmentée de 10 cm qui seront répartis en haut et en bas pour les arasements. Si le papier ne comporte pas de motifs, vous pourrez couper tous les lés en série, le premier pouvant servir de gabarit pour les autres.

En revanche, s'il s'agit d'un papier à raccords, il faudra découper les lés de sorte que les motifs correspondent entre eux, puis les numéroter au revers, dans l'ordre de la pose.

PAR OU COMMENCER LA POSE ?

Il ne faut jamais se baser ni sur l'angle formé par deux murs, ni sur le côté d'une fenêtre. Si ces lignes prises pour départs n'étaient pas droites, tous les lés ultérieurement posés seraient de travers. Par ailleurs, il est conseillé d'entammer la pose en partant du mur dans lequel la fenêtre est percée ou, s'il y a plusieurs fenêtres, par le côté le plus lumineux. Si cela n'est pas possible, commencez la pose par un angle.

❑ Le premier lé va servir de référence à la pose du suivant qui sera aligné selon son bord, puis des autres. Aussi, doit-il être parfaitement perpendiculaire. Prenez une mesure à partir de l'angle (ou de la fenêtre) correspondant à la largeur d'un lé moins 2 ou 3 cm.

❑ Tracez une verticale à partir de ce repère; utilisez le fil à plomb. Ce tracé va servir d'alignement au bord du lé. Ce dernier viendra en conséquence recouvrir partiellement l'angle ou l'huisserie : dans le second cas, il sera arasé; dans le premier, il sera recouvert par le lé par lequel la pose commencera sur l'autre mur, de la même façon que celle indiquée plus haut.

ENCOLLAGE ET PRESENTATION DES LES

Afin de favoriser l'adhérence du papier au mur, il est préférable d'étaler une couche de colle sur ce dernier la veille du jour où l'on doit poser le papier. Cela évite à la maçonnerie d'absorber la colle passée au revers du lé.

❑ Encollez le papier à l'aide d'une brosse à poils souples, le lé placé sur la table. Répartissez bien la colle en allant du centre vers les bords, et insistez à ce niveau. Laissez le lé s'imprégner quelques minutes : ceci le détendra et facilitera donc son affichage. Attendez d'autant plus que le papier est épais.

Préparation de la colle.

Découpe et préparation des lés.

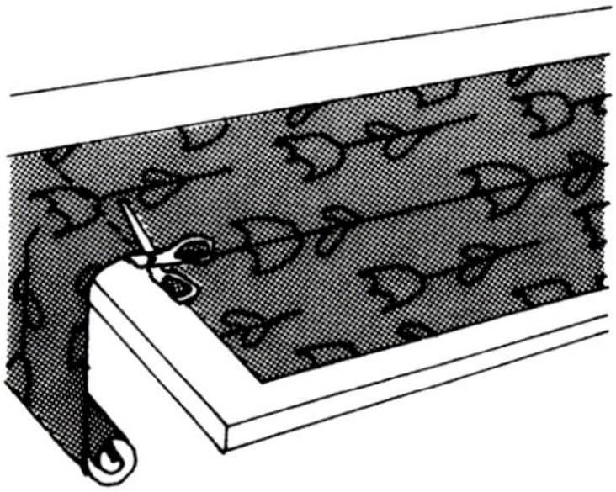

Découpe de lés à motifs.

Encollez le revers du lé, du centre vers les bords.

Pose du premier lé selon une verticale tracée au mur.

Avant de poser le papier, introduisez des clous dans les chevilles enfoncées dans le mur : cela vous permettra de retrouver leur emplacement facilement.

❑ Pour manipuler les lés plus facilement, vous les plierez en ramenant chaque extrémité vers le centre. Il est ensuite facile de passer un bras dessous pour les transporter. Pendant que le papier s'imprègne de la colle, encollez le lé suivant.

POSE DU LE

❑ Dépliez le haut du lé et présentez-le sous le plafond en le tenant des deux mains. Suivez bien la verticale tracée. Laissez dépasser 5 cm en haut pour l'arasement. Marouflez, c'est-à-dire faites adhérer le papier au mur à l'aide de la brosse spéciale. Maniez la brosse de haut en bas et du centre vers les bords pour chasser l'excédent de colle et les bulles d'air. Poursuivez la pose après avoir déplié le bas du lé et marouflez à nouveau. Si le bord du papier ne coïncide pas avec la verticale ou si vous n'êtes pas satisfait de la pose, soulevez le lé et positionnez-le à nouveau.

❑ Le lé en place, marquez les angles sous le plafond et au-dessus de la plinthe avec des ciseaux à bouts ronds puis découpez selon la trace laissée. Pour ce faire, décollez légèrement le papier, puis marouflez-le à nouveau.

❑ Les lés se posant bord à bord (à joint vif), vous n'aurez aucune difficulté à poser le lé suivant en vous alignant sur le premier, en faisant éventuellement correspondre les motifs. Passez ensuite la roulette à joints de haut en bas, à cheval sur les deux lés jointifs, pour bien faire adhérer les bords. Essuyez les bavures de colle avec une éponge propre.

POSE D'UN PAPIER PRE-ENCOLLE

Après avoir découpé les lés, enroulez-les la face adhésive à l'intérieur. Placez un bac (parfois fourni par le fabricant) rempli d'eau tiède au pied du mur, à l'endroit où le lé doit être posé. Plongez le rouleau dans l'eau puis tirez vers le haut en tenant son extrémité à deux mains.

Dépliez le lé de haut en bas et marouflez-le du centre vers les bords. Ecrasez le joint entre deux lés avec la roulette spéciale. Poursuivez la pose et attendez que la colle ait séché pour effectuer les arasements.

Affichez-le en haut du mur et pour le reste, procédez selon la technique qui a déjà été indiquée.

POSE DU PAPIER DERRIERE UN RADIATEUR

L'espace réduit existant entre le radiateur et le mur complique la pose du papier à cet endroit. De plus, des canalisations sortent bien souvent du mur, ce qui représente une difficulté supplémentaire. Vous arriverez cependant à poser le lé derrière le radiateur, tout d'abord en le découpant au niveau de la sortie de la canalisation, sur toute la hauteur de l'appareil de chauffage.

Ainsi, le papier peut glisser derrière l'appareil.

Mais il faut aussi l'appliquer contre le mur : pour cela, enroulez un chiffon propre autour d'un manche et utilisez cet instrument pour maroufler (voir la photo).

En haut, découpe et pose de papier à motifs. Ci-dessus, à gauche : pose de papier préencollé. Ci-dessus, à droite : pose derrière un radiateur.

POSE AUTOUR DES APPAREILS ELECTRIQUES

Les interrupteurs et les prises sont autant d'obstacles qu'il faut franchir. S'ils sont posés en applique, démontez leur boîtier; s'ils sont encastrés, désolidarisez le couvercle des conducteurs. Coupez le courant ou mettez la ligne hors tension en abaissant le disjoncteur correspondant (les différentes lignes électriques doivent être précisément repérées sur le tableau d'abonné). Entaillez le papier en croix pour le glisser ensuite dans le logement de l'appareil encastré ou sous le couvercle, ceci après avoir posé le lé sans être davantage préoccupé, au départ, de cet obstacle démonté. Rétablissez ensuite la liaison avec les conducteurs et remettez les appareils en place.

Formez l'angle avec le bout rond des ciseaux puis soulevez le lé et coupez selon la ligne.

ARASEMENTS

Il est préférable de les effectuer au fur et à mesure de la pose des lés, avec les ciseaux comme nous l'avons déjà dit. On peut aussi se servir d'un cutter pour certains endroits (autour des huisseries par ex.). Dans ce cas, surtout attendez que le papier soit sec, sinon il risque de se déchirer.

REMEDIER AUX DEFAUTS DE LA POSE

Malgré toutes les précautions que vous prendrez, vous ne pourrez pas éviter toutes les bulles d'air, les joints qui se décollent, parfois les déchirures...

❑ **les bulles d'air** : elles proviennent d'un défaut de marouflage. N'insistez pas : vous ne les écraserez pas. Si elles sont peu importantes, crevez-les avec une aiguille. Si elles sont plus grandes,

Une fois le couvercle de l'interrupteur vissé (ci-dessus, à gauche), aucune découpe ni raccord n'est visible.
Les petites cloques seront percées avec une aiguille (ci-dessus) ; les plus grandes (ci-contre), avec la lame d'un cutter.

soulevez le lé pour l'appliquer correctement et marouflez.

❑ **les déchirures** : le papier mouillé est fragile et un accident peut arriver. Alors, n'essayez pas de recoller les morceaux. Au contraire, découpez tout autour de la partie endommagée pour l'ôter, puis remplacez-la par un bout de papier taillé dans une chute.

❑ **les joints se soulèvent** : c'est probablement que l'encollage a été insuffisant. Glissez un peu de colle sous le papier et marouflez avec la roulette.

Les "japonais"

Il s'agit de papiers très élégants dont le parement est fait de fibres végétales contrecollées. Ils permettent de créer de superbes décors, mais ils sont fragiles et d'un entretien difficile : ils ne sont ni lavables, ni lessivables. Tout juste peut-on les dépoussiérer.

Voilà, pour l'essentiel, ce que vous risquez de rencontrer lors de votre travail.

D'autres problèmes peuvent surgir, mais vous les éviterez en travaillant méthodiquement et sans précipitation.

Le tissu mural

Feutré, original, confortable : tels sont les premiers adjectifs qui viennent à l'esprit lorsqu'on évoque le tissu mural. Tendu ou collé, ce matériau apporte une sensation d'aisance et de bien-être plus qu'aucun autre, sinon la moquette. Il se présente donc en concurrent incontesté des revêtements traditionnels tels que la peinture ou le papier peint, d'autant que sa pose ne nécessite pas de préparer les fonds de manière très poussée. Aussi, chacun pourra-t-il revêtir chambres ou salon de tissu sans apprentissage particulier : la mise en oeuvre de techniques simples et l'emploi d'un matériel limité suffiront.

LE CHOIX DU TISSU

Le choix d'un tissu mural fait autant intervenir l'aspect du matériau que la façon dont il doit être posé. Il en existe en effet deux principales catégories : les tissus à tendre et ceux à coller. Les premiers se posent par agrafage de préférence par-dessus une couche de molleton; les seconds, doublés d'un support de mousse (qui remplace le molleton), se collent directement sur la cloison. Dans ce cas, le support sera préparé afin de présenter une surface propre et plane, apte à être encollée pour recevoir le revêtement.

Cela étant dit, tous les tissus ne peuvent indifféremment servir de tenture murale. Certaines matières se prêtent davantage à cet emploi. Il s'agit du lin, du coton, du velours, de la toile de jute, de la soie, mais aussi des fibres synthétiques telles que l'acrylique ou le polyester. Leur choix est une affaire de goût... et de moyens !

A noter : les textiles contrecollés sur support papier, dont on ne sait trop s'il faut les classer avec les papiers peints en raison de leur technique de pose, ou avec les tissus pour l'aspect qu'ils présentent une fois posés.

LA QUANTITE NECESSAIRE

Bien sûr, l'idéal est de couvrir en une seule fois toute la hauteur du mur.

Vous trouverez pour cela des tissus en grandes largeurs, de 2,50 m à 3 m.

Commencez donc par mesurer la hauteur du mur, puis le périmètre de la pièce. Ne retranchez par du métrage obtenu la largeur des portes et des fenêtres, sauf s'il s'agit bien entendu de portes-fenêtres occupant toute une partie de l'un des murs, du sol au plafond. Ne prenez pas une largeur "trop juste"; prévoyez 10 cm en plus de la hauteur du mur pour les arasements.

Si vous avez choisi un tissu disponible en petite largeur (de 1,30 m à 1,60 m), calculez le nombre de lés nécessaire en divisant le périmètre de la pièce par la largeur du tissu. Retirez 5 cm au moins de cette dernière avant de faire votre calcul : marge indispensable pour les raccords entre les lés (couture ou anglésage) ou pour l'habillage de panneaux jointifs (voir plus loin). Le nombre de lés alors obtenu, multiplié par la hauteur du mur additionnée de 5 à 10 cm pour les arasements, vous donnera la longueur totale de tissu nécessaire. S'il s'agit d'un tissu à motifs, prévoyez les éventuels décalages d'un lé à l'autre.

LE MATERIEL NECESSAIRE

Les outils et les accessoires nécessaires diffèrent selon la méthode de pose retenue.

POUR UNE POSE TENDUE

Vous aurez besoin d'une bonne agrafeuse, de carton à angléser, éventuellement de tasseaux plats si l'agrafage ne peut se faire directement sur le mur (pour les cloisons de béton) et de colle pour fixer ces baguettes au mur. Il vous faudra aussi un mètre pliant pour mesurer les longueurs de tissu et une bonne paire de ciseaux pour le découper. Equipez-vous également d'un fil à plomb pour vérifier la verticalité de la trame lors de la pose et d'un cutter à lame interchangeable pour les arasements.

POUR UNE POSE COLLEE-TENDUE

Un pinceau pour étendre les bandes de colle en périphérie, une spatule pour appliquer le tissu dans les angles et pour guider la lame du cutter pour les arasements seront les seuls outils qu'il vous faudra.

POUR UNE POSE SUR PANNEAUX

Munissez-vous de panneaux de contre-plaqué de 5 mm d'épaisseur sur

lesquels le tissu sera agrafé (au revers, afin qu'aucune agrafe ne soit apparente). Prévoyez des baguettes plates pour constituer au mur, par vissage, clouage ou collage, le réseau sur lequel les panneaux seront montés.

POUR UNE POSE DE TEXTILE CONTRECOLLE

Ici, reportez-vous au matériel nécessaire à la pose du papier peint : fil à plomb, colle, brosse à maroufler, ciseaux, etc.

Dans tous les cas, n'oubliez pas un escabeau et la colle pour la fixation du galon de finition s'il y a lieu.

LES TECHNIQUES DE POSE

La pose de tissu au mur ne demande pas de préparation : elle peut se faire pardessus un vieux papier peint ou une peinture qu'on ne supporte plus. Assurez-vous pourtant qu'aucune tache ou fissure ne vienne révéler la présence d'humidité, chose qu'il ne faudra pas négliger. En dehors de cela, contentez-vous de passer un bon coup de brosse pour dépoussiérer.

Le tissu est tout d'abord agrafé en haut.

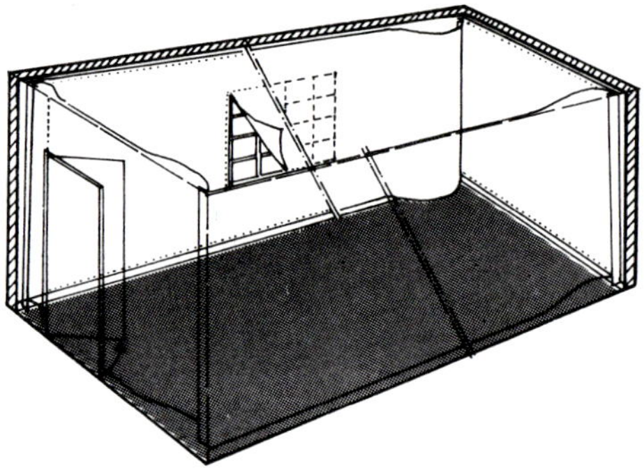

La pose d'un tissu tendu commence par le mur faisant face à la porte ; elle se poursuit par celui qui comprend la fenêtre puis par la cloison d'en face ; le mur comportant la porte d'entrée est celui par lequel on termine la pose.

POSE TENDUE

Ce type de pose doit créer une impression de souplesse. Pour obtenir ce résultat, il est conseillé d'agrafer du molleton sous le tissu. Ceci n'est pas indispensable mais présente l'avantage, non seulement d'augmenter l'épaisseur du revêtement, mais aussi d'améliorer l'isolation thermique et phonique de la pièce.

❑ On renforce encore cette impression de moelleux en agrafant le tissu sur des baguettes plates de 5 mm d'épaisseur fixées en périphérie. Ceci est de toute façon obligatoire sur des supports dans lesquels on ne pourrait enfoncer les agrafes (brique, pierre, béton).

❑ Commencez donc par fixer les baguettes en haut, au-dessus de la plinthe et sur les côtés. Utilisez une colle au néoprène. Encadrez aussi les portes et les fenêtres de baguettes.

❑ Agrafez maintenant le molleton découpé à la dimension de chaque mur prise à l'intérieur des cadres de

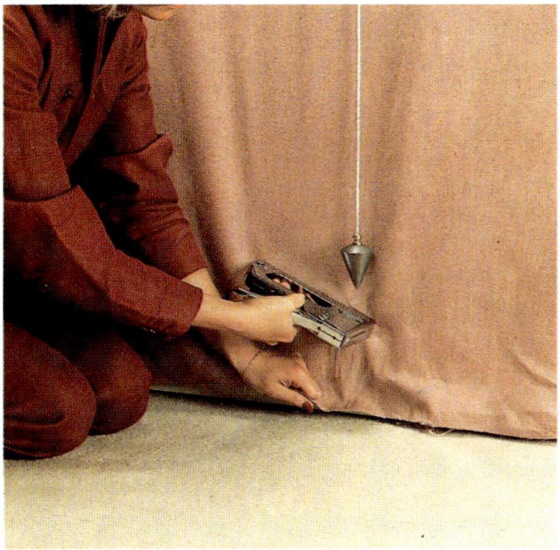

Agrafez en bas, au-dessus de la plinthe (ci-dessus, à gauche) sans trop tirer sur le tissu ; utilisez un fil à plomb pour respecter la verticalité de la trame.
Anglésage : agrafez le tissu dans l'angle (ci-dessus) et fixez le carton à angléser (ci-contre).

baguettes. Faites arriver le molleton contre celles-ci et agrafez tous les 10 cm environ. Inutile de tendre le molleton. Commencez à poser le tissu sur le mur situé face à la porte d'entrée. Fixez provisoirement le pan de tissu par quelques agrafes plantées dans la baguette supérieure. Vérifiez la verticalité de la trame, qui ne doit pas être déformée sous prétexte de tension. Retirez au besoin les agrafes provisoires et laissez légèrement déborder le tissu de part et d'autre sur les baguettes. Ne tirez pas exagérément sur le tissu. Agrafez-le depuis le centre, vers la droite puis vers la gauche; plantez une agrafe tous les 3 cm, légèrement en biais.

❑ Le tissu agrafé sur la baguette supérieure, tendez-le verticalement et fixez-le sur la baguette inférieure, en le laissant déborder au-dessus de la plinthe pour le moment. Vérifiez que la trame ne se déforme pas (avec le fil à plomb). Passez ensuite à la fixation sur les deux baguettes latérales sur lesquelles le tissu déborde un peu. Avant d'aller plus loin, arasez le tissu au-dessus de la plinthe (il n'y a pas d'arasement en haut, le revêtement étant agrafé en bordure du plafond).

❑ Recouvrez ensuite le mur qui comporte la fenêtre. Découpez la longueur de tissu nécessaire (plus une dizaine de centimètres) et fixez-la provisoirement sur le côté déjà recouvert, mais l'envers du revêtement vers vous. Ceci dans le but de vous faciliter la manutention lors de l'anglésage.

L'ANGLESAGE

Cette opération doit permettre d'obtenir des angles parfaitement soignés, sans que les agrafes soient apparentes. Agrafez les bandes de carton à angléser sur la baguette, par-dessus l'extrémité du deuxième panneau de tissu. Poussez bien le carton dans l'angle. Défaites ensuite les agrafes provisoires qui maintenaient le tissu contre le panneau précédent et rabattez-le : le carton à angléser est alors recouvert. Agrafez le tissu en haut puis en bas, comme cela a été indiqué précédemment. Passez la fenêtre sans vous en soucier pour le moment. Le tissu agrafé à l'autre extrémité, revenez à l'ouverture et fixez le tissu tout autour avant de l'araser le long de l'huisserie.

La suite est simple : recouvrez le mur qui fait face à celui intégrant la fenêtre et terminez la paroi comportant la porte d'entrée. Cette dernière étape doit s'effectuer en deux temps pour que la fixation soit totalement invisible. Le dernier panneau est en effet divisé en deux, la liaison se faisant au-dessus de la porte d'entrée, sur une baguette placée dans le prolongement de l'une des deux baguettes verticales. Procédez comme suit : fixez du carton à angléser sur cette

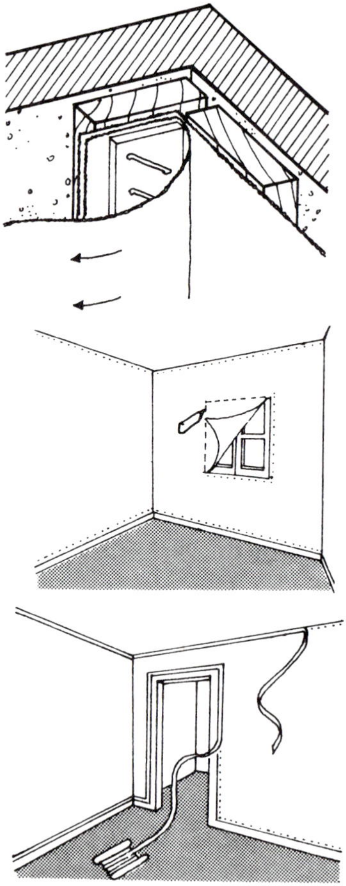

Trois étapes importantes : en haut, anglésage ; au milieu, découpe autour de la fenêtre ; ci-dessus, collage du galon de finition sur les agrafes.

baguette, jusqu'au plafond; amenez le premier lé de tissu par-dessus le carton et agrafez-le sur la baguette contre le carton; amenez le second lé jusqu'au niveau de jonction et maintenez-le par un carton à angléser agrafé provisoirement par-dessus, à quelques centimètres de la jonction; repliez l'extrémité du lé et collez-la contre l'autre lé; retirez le carton apparent après séchage.

Terminez en recouvrant toutes les agrafes supérieures, celles situées au-dessus des plinthes ou autour des ouvertures, à l'aide d'un galon décoratif

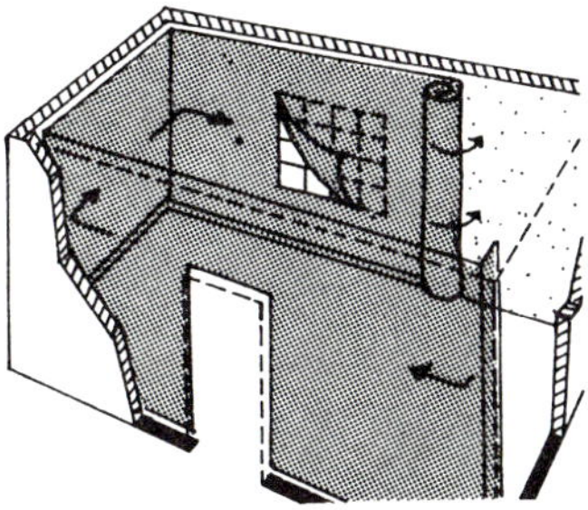

Ci-dessus et ci-contre en haut : pose collée-tendue et sens du travail.
Ci-contre et en bas : habillage d'un panneau et pose sur tasseau.

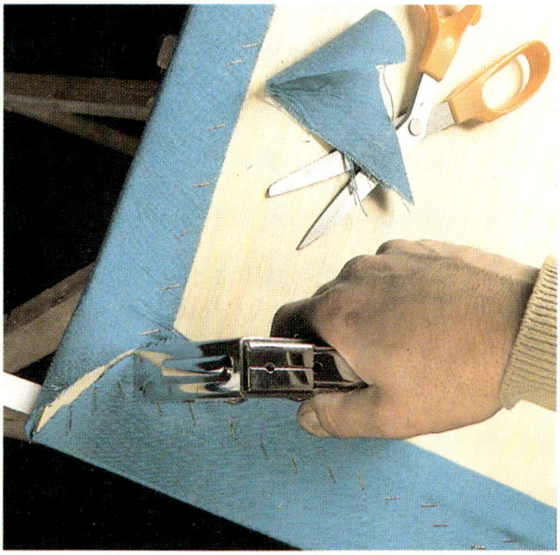

(attention aux fautes de goût!) qu'il suffit de coller.

POSE COLLEE-TENDUE

Pour cette technique, nul besoin de baguettes et de molleton : le tissu est doublé d'un support de mousse (un peu comme une moquette) qui est collé au mur. Si ce dernier est recouvert de papier peint, arrachez le revêtement en périphérie, sur une largeur de 10 cm; s'il est peint, dégraissez-le sur la même largeur. Ces opérations visent à assurer l'adhérence de la colle, que l'on étendra au pinceau (il s'agit d'une colle au néoprène). Déroulez le tissu (que vous aurez découpé selon la hauteur du mur) et appliquez-le progressivement sur les bandes de colle. Formez bien les angles avec une spatule, puis arasez au-dessus des plinthes.

POSE SUR PANNEAUX DE BOIS

Cette méthode permet d'utiliser du tissu en petite largeur et ne demande pas de préparation des fonds particulière, sinon la constitution d'un réseau de baguettes sur lesquelles les panneaux seront fixés. Elle autorise, en outre, la confection de pans multicolores.

En haut, à gauche : fixation des panneaux par clouage. En haut, à droite : la colle nécessaire à la pose du textile contrecollé est la même que celle employée pour le papier peint. En bas, à gauche : superposez les deux lés. En bas, à droite : coupez les deux lés ensemble.

La première étape consiste à habiller chacun des panneaux de bois, en agrafant le tissu au revers. Il suffit ensuite de présenter les panneaux contre le mur : leur fixation, jointive, se fait par clouage, sur les baguettes dont l'écartement aura été calculé en conséquence. Les têtes des clous, chassées dans le bois, disparaissent sous le tissu.

POSE DE TEXTILES CONTRECOLLES

Les tissus à envers papier se posent comme du papier peint, c'est-à-dire par collage. Affichez les lés et faites-les se chevaucher légèrement. Coupez ensuite les deux lés superposés, en vous guidant sur une règle métallique. Ainsi, vous obtiendrez une parfaite liaison entre deux lés, qui passera totalement inaperçue.

Enlevez les bandes après la coupe : le joint est parfait.

Retirez les deux bandes de tissu et marouflez. Arasez au-dessus des plinthes; pour les appareils électriques, procédez comme pour le papier peint.

L'ENTRETIEN DU TISSU MURAL

Le tissu est un revêtement fragile qui craint surtout la poussière. L'air chaud déplacé par convection en particulier au-dessus des appareils de chauffage, transporte les grains de poussière sur le tissu dont les couleurs finissent alors par s'altérer. Une solution, relativement peu satisfaisante : passer l'aspirateur de temps à autre. Mais il est plus sûr d'acheter du tissu ayant reçu un traitement anti-poussière (vernis) ou antistatique.

❑ Le tissu se tache facilement. C'est l'un de ses inconvénients. Certaines qualités reçoivent un traitement antitaches directement par le fabricant, mais il est aussi possible de traiter les tissus déjà posés.

❑ En fait, l'ennuyeux n'est pas tant que le tissu se tache, mais plutôt qu'il est délicat à nettoyer. Il faut en effet, pour intervenir efficacement, connaître l'agent solvant, qui peut différer selon la nature de la tache bien sûr, mais aussi selon la nature des fibres. Dans tous les cas, enlevez le plus gros avec un chiffon propre et passez un shampoing antidétachant. Si cela ne suffit pas, demandez conseil à votre teinturier.

❑ Cependant, certaines qualités de tissus sont lavables, parfois lessivables, ou même dégraissables avec du trychloréthylène. Le fin du fin : certaines tolèrent l'eau de Javel diluée (elles portent le label "grand teint")

Les baguettes à picots

Ce type de baguettes (photo ci-contre) est plus exactement une cornière métallique dont l'un des deux côtés comporte des picots. Une fois ces baguettes posées en périphérie du mur, le tissu vient s'accrocher sur les picots et il est alors possible de refermer la cornière par simple pression. La pose ne nécessite donc ni carton à angléser ni galon de finition. Mais en plus, il reste toujours possible de "démonter" le tissu en ouvrant les cornières, par exemple pour le faire nettoyer.

La moquette

Revêtement de sol par excellence, la moquette apporte confort et élégance. Isolant thermique et phonique, agréable au toucher, résistante, décorative, simple à entretenir, facile à poser : telles sont ses principales qualités qui devront vous décider.

Le prix du revêtement finira de vous convaincre. Certes, certaines moquettes telles que les "pure laine" coûtent cher. Mais chacun trouvera sans peine de quoi être satisfait, même pour un investissement limité.

LE CHOIX D'UNE MOQUETTE

Bien choisir une moquette suppose de connaître les différentes qualités ainsi que leur classification. Ces deux critères ne peuvent être dissociés, le revêtement devant répondre, tant aux exigences du confort et de la décoration, qu'à celles de la pièce où il doit être posé.

LES COLORIS

C'est autour du revêtement de sol que s'ordonne la décoration d'une pièce. Le choix de coloris, en harmonie avec ceux des revêtements muraux, permettra de mettre en valeur le mobilier. De plus, selon l'orientation et l'éclairage de la pièce, la couleur du sol "modifiera" les volumes. Pensez-y pour ne pas choisir une moquette trop sombre pour une petite pièce.

Bien sûr, les tons clairs sont plus difficiles à entretenir pour la simple raison que les taches s'y voient davantage. Mais une moquette ne doit pas devenir un élément neutre (sur lequel on se contente de marcher sans le ragarder...), sauf peut-être pour une entrée ou un couloir.

Quoi qu'il en soit, une large gamme de coloris répondra à tous les goûts et à toutes les situations.

LES QUALITES

La matière de la moquette est aussi, sans aucun doute, un élément décoratif déterminant. Que l'on pense un instant à la différence entre une moquette "pure laine" et un aiguilleté. Bien sûr, il s'agit de cas extrêmes. D'ailleurs, l'aiguilleté n'est pas considéré comme une moquette, même s'il est aussi présenté en rouleaux. C'est là la première distinction qu'il faut établir. Ont droit au titre de "moquette", les revêtements de sol textiles avec velours et dossier, termes désignant, réciproquement, la partie supérieure de la moquette et son support.

L'aspect du "velours" diffère selon la matière employée (laine, coco, sisal, fibres synthétiques) et selon la façon dont elle est formée et implantée sur le dossier (tissage, tuftage, flocage, etc.). Il y aurait de longs développements à faire sur les techniques de fabrication de la moquette, mais nous nous contenterons d'un exemple : la laine est tissée, selon un procédé qui l'associe en même temps au dossier. Cette technique de fabrication, qui a pu être étendue ces dernières années à d'autres matières et même aux fibres synthétiques, donne un revêtement dont le prix est à la hauteur de la qualité et de la beauté.

Le tuftage (ou touffetage) est un autre procédé de fabrication, aujourd'hui l'un de ceux les plus utilisés. Le velours est ancré sur le dossier par piquage des brins, ces derniers étant, par la suite, collés sur l'envers du dossier. La possibilité de produire ainsi le revêtement rapidement et en grande série implique des coûts de fabrication inférieurs à ceux de la moquette tissée.

LA CLASSIFICATION

Le classement des moquettes a pour but d'en définir l'usage et d'en répertorier les qualités de résistances. Cette classification est codifiée sur l'étiquette présente au dos du revêtement.

❑ Le classement T : la lettre T est accompagnée d'un chiffre ou d'une autre lettre (L, pour les moquettes de luxe; D,

pour celles exclusivement décoratives; T1, T2 pour pièces à usage secondaire; T3 usage courant (chambres et salon); T4 usage intense (entrée, couloir); T5 trafic important (magasin, bureau).

❑ L'étiquette AFEI (Association Française pour l'Etiquetage d'Information) indique le procédé de fabrication et les qualités de la moquette : stabilité dimensionnelle, tenue des coloris, résistance à l'eau, à la brûlure de cigarette, etc.

❑ Le classement UPEC : il est aussi élaboré pour d'autres revêtements de sol. Des chiffres accompagnant les lettres indiquent la résistance à l'usure (U), au poinçonnement (P), à l'eau (E) et enfin aux agents chimiques (C).

LA QUANTITE NECESSAIRE

Maintenant que vous connaissez les critères selon lesquels vous allez choisir la moquette, rendez-vous dans les magasins, touchez et comparez. Avant d'acheter, faites un plan de la pièce où la moquette doit être posée. Reportez à l'échelle les différents obstacles et recoins.

La quantité nécessaire correspond, bien entendu, à la superficie de la pièce, à laquelle vous ajouterez quelques centimètres qui permettront d'araser en périphérie. Ne prenez pas trop juste, les interstices entre le revêtement et la plinthe étant particulièrement inesthétiques.

Si vous n'êtes pas sûr du coloris que vous voulez, essayez d'obtenir du vendeur une chute que vous pourrez examiner en situation pour vous faire une meilleure idée.

LE MATERIEL NECESSAIRE

Les méthodes de pose accessibles aux bricoleurs (pose collée et pose flottante) ne demandent pas de matériel complexe. Laissez la pose tendue, qui fait appel à une technique plus élaborée et à un outillage plus important, aux professionnels.

Les outils et le matériel dont vous aurez d'abord besoin sont ceux qui vont vous permettre de préparer le sol : pour fixer les lames d'un parquet qui se soulèvent et pour reboucher les fentes les plus importantes; pour sceller les carreaux qui se décollent; pour ragréer un sol en béton (produit de ragréage autolissant). Quelle que soit la nature du support, il faut le dégraisser (avec du trychlorétylène) pour que la colle ou l'adhésif double-face puisse adhérer.

Que vous optiez ensuite pour la pose collée ou pour la pose flottante, l'outilllage n'est pas fondamentalement différent. Pour la première méthode, il vous faudra tout simplement une spatule crantée supplémentaire pour étendre la colle.

Pour le reste, vous aurez besoin :

- ❑ d'un découpeur-araseur, pour les découpes au bas des plinthes;
- ❑ d'une règle métallique et d'un cutter pour les découpes droites (certaines règles sont disponibles en grandes longueurs (2,10 m));
- ❑ d'une bonne paire de ciseaux;
- ❑ d'un marteau à maroufler;
- ❑ de ruban adhésif double-face et de colle pour moquette.

LES TECHNIQUES DE POSE

On distingue trois types de pose différents : la pose collée, la pose flottante (ou semi-fixe) et la pose tendue sur thibaude. Cette dernière, dont nous évoquons simplement le principe car elle est plus du domaine des spécialistes, se fait par l'intermédiaire de bandes à griffes fixées en périphérie, contre les plinthes.

Pose de moquette sur bandes adhésives.

LA POSE FLOTTANTE

On l'appelle aussi pose libre ou semi-fixe. Elle met en oeuvre de l'adhésif double-face qui maintient les lés en périphérie et à leur jonction.

❑ Commencez par balayer le sol et par le dégraisser aux endroits où le ruban adhésif doit être posé. Collez l'adhésif sur tout le périmètre de la pièce, mais n'enlevez pas encore la pellicule protectrice supérieure.

❑ Déroulez ensuite le lé de moquette. Tenez-le des deux mains et tendez-le avec le pied. Amenez-le contre les plinthes, contre lesquelles il déborde légèrement.

❑ Vérifiez que le lé est également réparti sur le sol, puis marquez l'angle formé par la moquette qui remonte contre les murs. N'hésitez pas à appuyer fermement avec le bout des ciseaux : cette marque sert de repère et de guide à la lame du cutter. Enfin, arasez en tenant la lame du cutter dans l'angle, ou encore avec le découpeur-araseur, dont on peut

Pose flottante : jonction entre deux lés. Faites légèrement dépasser un lé sur l'autre et coupez les deux ensemble. Le joint est maintenu par une bande d'adhésif double face placé en dessous.

Pour que la moquette épouse l'angle, sommairement pour l'instant, découpez-la ainsi. Vous pourrez ensuite plus facilement procéder aux arasements, après avoir marqué le revêtement avec le bout des ciseaux.

régler la hauteur de la lame en fonction de l'épaisseur du revêtement. Tenez le cutter à 45° environ.

❑ **La découpe dans les angles** : lorsque vous arasez, arrêtez-vous quelques centimètres avant l'angle formé par deux murs. Soulevez le lé et coupez-le en triangle (avec les ciseaux), de sorte que la pointe formée sur le revêtement épouse l'angle de la pièce. Cette opération peut aussi être effectuée avant d'araser.

❑ **Jonction entre deux lés** : s'il est nécessaire de poser deux lés pour recouvrir le sol de la pièce, placez une bande d'adhésif à l'emplacement où leur jonction doit se faire. Rabattez ensuite les deux, en faisant en sorte qu'ils se chevauchent un peu. Découpez les deux épaisseurs en même temps, avec une longue règle métallique servant de guide au

L'envers des lés est fléché selon le "sens" de la moquette. Avant d'étendre la colle à leur jonction, nettoyez bien le sol. Appliquez la colle avec une spatule puis rabattez les lés. Marouflez, en insistant sur le joint avec un marteau à maroufler.

cutter. Dégagez les chutes : les lés doivent être parfaitement joints. Pour les fixer au sol, soulevez-les légèrement et enlevez la pellicule protectrice du ruban adhésif, en appliquant progressivement les lés. Terminez en écrasant le joint avec le marteau à maroufler.

Faites de même sur toute la périphérie. Si vous rencontrez des obstacles, tels que les pieds d'un radiateur ou des canalisations, entaillez le lé selon leur axe de façon à pouvoir glisser la moquette. Puis, découpez la moquette selon leur forme, à l'endroit où ils doivent venir.

POSE COLLEE

La colle rend le revêtement parfaitement solidaire du sol. Aussi, faut-il que ce dernier soit bien lisse.

Pose de moquette dans un escalier. Chaque marche est habillée tour à tour de morceaux découpés aux dimensions nécessaires pour recouvrir marche et contre-marche en même temps. Après encollage, marouflez bien le revêtement. Découpez et arasez dans les angles. Placez enfin un nez-de-marche (profilé en plastique taillé à la longueur voulue) également par collage.

Par ailleurs, contrairement à la pose flottante, il ne sera pas possible d'enlever la moquette une fois qu'elle sera collée (en tout cas moins facilement).

❑ Etendez la moquette au sol. Eliminez absolument tous les plis. Relevez une moitié et encollez le sol avec une spatule crantée qui règle l'épaisseur de produit. Rabattez ensuite cette partie de la moquette sur la surface encollée et marouflez avec les mains.

Procédez ainsi pour l'autre moitié :

❑ Jonction entre deux lés : avant de poser les lés, livrez-vous à un petit calcul pour que leur jonction ne tombe pas au milieu de la pièce, partie la plus sollicitée.

❑ Fléchez l'envers des lés pour les positionner dans le même sens (voir photo). Procédez ainsi : collez l'extrémité de l'un des lés contre le mur; collez l'autre extrémité (à la jonction); encollez le sol et rabattez la partie du second lé en contact avec le premier; enfin, fixez l'autre extrémité, près de l'autre mur. Cet ordre permet de jouer sur la mise en place de la moquette, de façon à obtenir un joint parfait.

POSE DANS UN ESCALIER

Elle doit se faire collée. Chaque marche est habillée une à une, par un morceau de moquette qui doit couvrir en même temps marche et contre-marche. Arasez dans les angles comme cela est indiqué sur les photos. Pour les nez-de-marches, utilisez un profilé en plastique que vous trouverez dans le commerce et qu'il est possible de découper à la longueur souhaitée. Cet élément, indispensable pour protéger les bords de la moquette, se pose également par collage.

POSE DE MOQUETTE EN DALLES

❑ Les dalles sont suffisamment lourdes pour reposer au sol sans qu'il soit nécessaire de les coller. Cependant, le sol sera bien lisse, ragréé si besoin.

❑ Surtout ne commencez pas la pose de dalles contre l'un des murs. Inutile en effet de prendre le risque de voir toutes les dalles posées de travers, si jamais le mur n'était pas parfaitement droit. De plus, pour des raisons esthétiques, il est préférable de répartir les coupes sur les quatre côtés.

❑ Pour ces différentes raisons, vous partirez d'un tracé effectué au centre de la pièce. Marquez au sol l'axe de la pièce, parallèlement à la porte d'entrée. Tracez ensuite l'axe perpendiculaire : il n'a pas besoin de couper le premier exactement en son centre : faites en sorte que des dalles entières soient placées devant la porte et déplacez au besoin la position du second tracé. Vérifiez en faisant une pose à blanc.

❑ Placez la première dalle dans l'un des quatre angles formés par les tracés. Mettez les suivantes en place, rangée après rangée, en vous guidant sur les axes. Recouvrez ainsi les quatre parties.

❑ **Les découpes en bordures** : réservez-les pour la fin. Placez en superposition la dalle à découper sur la dernière dalle de la rangée. Calez par-dessus une seconde dalle, contre le plinthe. Découpez la dalle intermédiaire en vous guidant sur le bord de la dalle supérieure : c'est la seule façon de suivre très exactement le profil du mur. Finissez éventuellement la découpe au revers de la dalle et mettez cette dernière en place.

❑ Répétez l'opération à chaque fois, car il est risqué de se servir de la première dalle découpée comme gabarit pour les suivantes (le mur n'est peut-être pas parfaitement rectiligne). Trempez de temps à autre la lame du cutter dans du savon noir pour la lubrifier, surtout si le dossier du revêtement est bitumé, comme c'est le cas dans l'exemple pris sur nos photos.

❑ Pour les découpes spéciales, procédez comme pour la moquette en lés (voir p. 53) ou confectionnez un gabarit dont vous reporterez le dessin sur la dalle pour mieux la former.

Pose de la première dalle dans l'angle tracé au centre de la pièce. La pose se fait rangée après rangée, du centre vers les bords.

Découpe en extrémité.

La moquette devant les portes

Avant de poser la moquette (en lés ou en dalles) , démontez les portes. L'épaisseur du revêtement vous obligera très probablement à les raboter. En outre, vous fixerez des bandes de seuil par vissage ou clouage (selon la nature du sol) : ces accessoires éviteront à la moquette de se soulever ou de se décoller à cet endroit.

L'ENTRETIEN DE LA MOQUETTE

Pendant les premiers mois qui suivent la pose, contentez-vous d'un dépoussiérage avec un balai à paille de riz. Par la suite, l'entretien courant se limite au passage hebdomadaire de l'aspirateur. Faites un shampoing une fois par an (utilisez un produit liquide) en louant la machine nécessaire ou faites-le faire par un professionnel.

Calcul d'une découpe au bout d'une rangée. La découpe est terminée au revers de la dalle. Enduite de savon noir, la lame garde son tranchant.

A CHAQUE TACHE SON REMEDE

Nature de la tache	Remède
Alcool	Appliquer une solution d'eau (1/4) et d'alcool à 90° (3/4).
Boue	Brosser une fois la trace sèche ; ensuite, passez un chiffon imbibé d'une solution ammoniacale. (1 cuillerée d'ammoniaque dans 1lit. d'eau).
Bougie	Absorber la cire avec un papier buvard sur lequel on applique un fer à repasser chaud. Tapoter ensuite avec un chiffon imbibé d'alcool à 90°. Brosser après séchage.
Café, thé	Utiliser un mélange moitié alcool à 90°, moitié vinaigre.
Chocolat	Laver avec un détergent dilué dans de l'eau, puis rincer avec un peu d'eau alcoolisée.
Cire	Passer un chiffon imbibé de solvant.
Colle	Tamponner avec un chiffon imbibé d'eau (ou d'acétone pour les colles cellulosiques).
Encre	Appliquer d'abord un buvard pour en enlever le maximum. Compléter par une solution d'eau alcoolisée (3/4 d'eau).
Lait	Tamponner et frotter en tournant avec une solution d'eau alcoolisée (1/2 part d'eau).
Oeuf	Même remède que précédemment.
Peinture	Enlever le maximum avec un couteau puis appliquer le solvant correspondant (eau, white-spirit, essence de térébenthine, etc.).
Sirop, sucre	Tamponner avec un chiffon imbibé d'une solution alcoolisée (1/2 part d'eau).
Vin	Tamponner avec un peu d'eau savonneuse.

LES TACHES

❑ Le tableau ci-contre vous indique les remèdes à appliquer pour la plupart des taches. D'une façon générale, si vous voulez que votre intervention soit efficace, agissez au plus vite : une tache sèche est beaucoup plus difficile à éliminer.

❑ Autre règle : ne mouillez pas trop la moquette, car des auréoles pourraient se former. Séchez à l'aide de papier buvard après application du traitement et rinçage. Si une auréole se forme malgré tout, répandez par-dessus un peu de cendre de cigarette pour "foncer" un peu le revêtement à cet endroit.

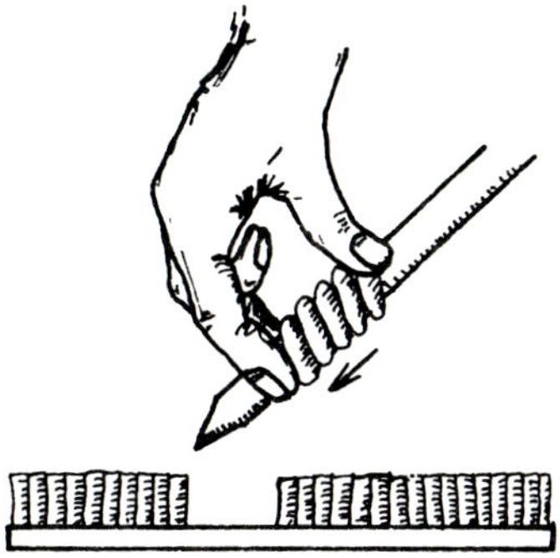

Un bout de laine enfilé sur une aiguille à tricoter peut venir boucher un trou dans la moquette.

LES ACCROCS ET LES BRULURES DE CIGARETTES

Là, vous apprécierez d'avoir conservé les chutes. Dégagez la partie endommagée avec un emporte-pièce (pour les plus petites) ou un cutter. Remplacez par un morceau identique découpé dans une chute.

Ci-contre : pulvérisation de mousse sèche pour nettoyer une petite surface.
Ci-dessous : dégagement d'une petite partie endommagée avec un emporte-pièce.
Ci-dessous, à droite : remplacement d'un morceau déchiré.

Le carrelage

Le carrelage a longtemps souffert d'idées reçues. Non, il n'est pas difficile à poser; non, il n'est pas réservé aux salles de bains et aux cuisines. Les matériaux modernes, ainsi que les produits permettant leur pose, font du carrelage un revêtement agréable, décoratif, facile à poser et à entretenir. Ils prolongent ainsi une tradition séculaire dont les origines se confondent avec celles de la civilisation.

LE CHOIX DES MATERIAUX

On distingue trois principales catégories de carrelages : la terre cuite, le grès et la faïence, chacune obtenue à partir de matériaux naturels qui gagnent ensuite leurs propriétés et leur aspect par des modes de fabrication distincts. Au moment de choisir un carrelage, vous ne vous contenterez pas de juger de son apparence : vous prendrez également en compte l'emploi auquel il peut se prêter.

LES DIFFERENTS CARRELAGES

Ils se distinguent, au point de départ, par la matière qui les constitue.

❑ **Les carreaux de terre cuite :** ils sont obtenus par cuisson à 900°C. Poreux, sauf s'ils ont reçu un traitement complémentaire, ils ne peuvent être employés à l'extérieur (risque de gel et d'éclatement). Peu résistants aux chocs et d'un entretien malaisé, ils présentent pourtant un bel aspect, dans des tons bruns, rouges, roses, etc.

❑ **La terre cuite grésée** : entre la terre cuite et le grès, ce matériau, obtenu par cuisson à 1 000°C, offre une meilleure résistance que la terre cuite. Cependant, la température de cuisson n'est pas encore suffisante pour permettre la vitrification du matériau, condition essentielle à un emploi à l'extérieur. Pourtant, les carreaux de terre cuite grésée (ou demi-grès) séduisent par leurs couleurs et par les motifs dont ils sont parfois décorés et par leur aspect, brillant ou satiné.

❑ **Le grès étiré** : fabriqués par cuisson (1 300°C) d'une pâte formée d'argile et de silice, les carreaux de grès étiré sont formés par allongement ("étirement") de cette pâte au sortir du four. La forte température employée pour la fabrication de ce carrelage entraîne sa vitrification, ce qui rend possible son utilisation à l'intérieur comme à l'extérieur. Cela lui donne, en outre, une excellente résistance, le préparant, en particulier, à servir de revêtement de sol.

❑ **Le grès cérame vitrifié** : c'est le summum du carrelage. Parfaitement résistant, davantage encore que le grès étiré, il se prête à toutes sortes d'utilisations : il est imperméable, résiste aux produits d'entretien, aux acides, aux chocs, à l'usure. De plus, obtenu par moulage, une fois la pâte d'argile et de silice cuite (1 300°C) et pulvérisée, il est disponible dans des formats et des formes diverses.

LES UTILISATIONS DU CARRELAGE

Le choix d'un carrelage repose avant tout sur l'utilisation qui doit en être faite. D'emblée, vous devez donc considérer le lieu où les carreaux seront posés.

On ne peut en effet se servir des mêmes carreaux pour une pose murale ou pour une pose au sol, à la salle de bains, à la cuisine, dans l'entrée ou dans le salon. Les conditions d'utilisation, à chaque fois différentes, exigent des qualités de résistance à l'usure, au poinçonnement (meubles lourds, pieds de chaises, etc.) à l'eau et à l'humidité, les produits d'entretien ménagers. Là encore, le classement UPEC vous aidera à choisir le revêtement.

Le carrelage n'est pas seulement utilitaire. Il offre de nombreuses possibilités de décoration et saura répondre à tous les goûts.

La pose se fait du centre vers les bords. Les découpes, entammées à la carrelette sont terminées en cassant le carreau sur une baguette (en haut à droite). La pose terminée étendez la barbotine et faites-la bien pénétrer dans les joints.

POSE AU SOL

La pose du carrelage au sol demande une préparation du support soignée. La surface qui va recevoir les carreaux doit bien sûr être plane, mais elle doit également être propre et sèche. Ces conditions, sans lesquelles il vous serait impossible d'envisager de carreler le sol d'une pièce, impliqueront parfois des travaux de réfection importants : décapage, ragréage, voire coulage d'une chape.

Cela étant dit, le carrelage peut être posé sur la plupart des sols existants : béton, bien entendu, mais également anciens carrelages et même parquets et revêtements plastiques encore en bon état grâce à des produits intermédiaires commercialisés par certains fabricants.

Une seule exception : la moquette qu'il est indispensable de décoller totalement.

❑ La pose : ne la commencez pas près d'un mur, mais réservez plutôt les coupes à cet endroit, une fois les rangées de carreaux posées. Tracez les axes perpendiculaires qui partagent le sol de la pièce en quatre. Encollez progressivement les surfaces à recouvrir et mettez les carreaux en place en suivant, pour la première rangée, la ligne tracée. Posez la rangée suivante selon la première et poursuivez ainsi. Laissez un espace entre les carreaux pour y couler, par la suite, le ciment de jointoiement (barbotine). Pour avoir un intervalle partout identique, servez-vous de croisillons d'écartement dont vous trouverez différents calibres (l'espace varie selon les dimensions des carreaux).

❑ Une fois tous les carreaux installés, faites les découpes nécessaires pour les éléments de bordure et mettez aussi ces derniers en place.

❑ Après le séchage de la colle (il faut attendre 24 heures), préparez la barbotine, qui se dilue dans de l'eau, et déversez-la sur le carrelage. La colle sèche, vous pouvez marcher sur le sol; mais auparavant, déplacez-vous sur une planche. Etalez la barbotine avec une raclette en caoutchouc pour la faire pénétrer dans les joints. Essuyez avec une éponge humide ou une serpillière.

❑ Attendez quelques jours avant d'utiliser la pièce, surtout si vous devez la meubler.

Pose scellée : les carreaux sont placés sur la chape encore fraîche. Alignez-les le long d'une règle et laissez entre eux toujours le même écart.

En haut, pose de carreaux sur filet. Pour réduire la dimension des plaques, il suffit de sectionner le filet, au revers des carreaux.
La pose derrière un évier (ci-dessus) doit toujours se terminer par la formation d'un joint d'étanchéité (à droite).

LA POSE AUTOUR D'UN EVIER

Pour le plan de travail, nous avons retenu du carrelage sur filet. Il est facile de mettre les plaques aux dimensions en coupant le support au revers. Dans le cas où un nombre de carreaux entiers ne conviendrait pas, il faudrait utiliser la pince du carreleur ou la pointe au carbure pour tailler les carreaux. S'agissant d'un milieu humide, la pose se fera de préférence avec du mortier colle, étendu à la spatule crantée.

Avant de carreler le mur, préparez la surface : s'il y avait du papier peint, décollez-le; rebouchez éventuellement les fis-

Pose murale sur mortier colle. Les carreaux sont montés rangée après rangée, régulièrement espacés à l'aide d'un cordon. Les opérations de finition sont les mêmes que lors de la pose au sol : la barbotine, étendue à l'aide d'une raclette en caoutchouc, doit bien pénétrer les joints. Vous en éliminerez les traces avec une éponge humide. N'oubliez pas le joint au silicone entre le lavabo et le mur, et entre la baignoire et le mur.

sures et traitez le mur contre l'humidité si nécessaire. Si le mur était peint, grattez la peinture si elle est écaillée ou conservez-la si elle est en bon état : dans ce cas, poncez-la pour permettre l'accrochage du ciment colle.

Commencez la pose murale par le bas et, si possible, faites reposer la première rangée sur le bord de l'évier pour la maintenir en place le temps de prise du mortier colle. Posez les rangées supérieures en ménageant l'espace nécessaire aux joints entre les carreaux. Vous n'aurez pas besoin de vous préoccuper de cette question lors de la pose de carrelage sur filet, les carreaux étant déjà espacés.

En revanche, si vous aviez deux plaques jointives à fixer, il faudrait mettre entre elles un intervalle équivalant à celui existant entre les carreaux. Après séchage de la colle (le lendemain) passez la barbotine.

En finition, n'oubliez pas de former un joint au silicone qui garantira l'installation d'une parfaite étanchéité.

LA POSE MURALE DANS UNE SALLE DE BAINS

Le carrelage est le revêtement idéal pour la salle de bains, tant au sol qu'au mur ou en entourage de la baignoire. Dans la mesure du possible, définissez la surface à carreler de sorte qu'elle corresponde à un nombre entier de carreaux : cela vous évitera les coupes. La pose se fait ici selon les principes évoqués précédemment. N'oubliez pas, là aussi, le joint d'étanchéité entre le mur carrelé et les appareils sanitaires.

Le liège

Le liège est assez mal connu et relativement peu employé comme revêtement, en comparaison avec le papier peint ou le carrelage par exemple. C'est pourtant un matériau qui présente de nombreuses qualités parmi lesquelles une bonne isolation thermique et phonique, une excellente résistance à l'humidité et une grande facilité d'entretien. S'ajoute à cela son aspect, qui fera rentrer un peu la nature chez vous.

UTILISATION DU LIEGE

Le liège tient naturellement un rôle d'isolant autour des arbres qu'il protège, grâce à sa souplesse, sa résistance, son étanchéité. Toutes ces caractéristiques en font un revêtement précieux pour les murs comme pour les sols, pour toutes les pièces de la maison sans exception, y compris les salles d'eau (salles de bains et cuisines). Il est nécessaire d'insister là-dessus, car on oublie parfois que le liège est parfaitement imperméable. Un bouchon de liège dans l'eau gonfle mais reste étanche. N'est-ce pas d'ailleurs pour cette raison que ce matériau est employé pour fermer nos bouteilles?

❑ En tant qu'isolant thermique, le liège pourra servir de revêtement pour une paroi froide ou dans les combles. On peut aussi exploiter cette qualité pour isoler le sol. Mais ne rêvons pas, on ne peut demander à une plaque de 3 mm d'épaisseur de remplir une telle fonction! Pour que l'isolation soit réelle, il faut employer du liège à partir de 3 cm d'épaisseur (pour les murs) ou en granulés à déverser entre les solives du sol (voir p. 79).

LA PRESENTATION DU LIEGE

❑ Plaques, dalles, rouleaux, granulés : les formes sous lesquelles le liège se présente sont multiples.

❑ Les plaques de liège expansé, de forte épaisseur, peuvent être placées comme intermédiaire entre le mur et un revêtement.

Obtenues par agglomération de granulés, elles seront aussi avantageusement employées de façon apparente, leur aspect créant une ambiance tout à fait chaleureuse.

❑ Les lièges composés, associations de liège tranché et de liège aggloméré ou de morceaux de liège, se présentent en dalles et plaquettes de formats différents et même sous forme de rouleaux (ils se posent alors comme du papier peint). Afin de servir de revêtement de sol, certaines dalles ont reçu, en finition, un traitement qui augmente encore leur résistance. Par ailleurs, elles sont recouvertes d'un film protecteur, ce qui les rend d'un entretien plus facile.

❑ Enfin, les plaques de liège brut, qui n'ont pas subi d'autres interventions après le démasclage (action de séparer le liège de l'écorce de l'arbre), qu'une mise en forme et une égalisation de surface, permettent de créer des décors sobres et élégants. Mais ici aussi, la naturel brut se paie plus cher...

❑ Voilà, pour l'essentiel, ce qu'il faut savoir avant d'acheter le liège. Pour le poser, il vous faudra un matériel limité composé d'un fil à plomb, d'une règle métallique, d'un cutter et d'une spatule crantée pour étaler la colle (au néoprène) sur des surfaces qui auront été préalablement préparées. Voyons maintenant les différentes techniques de pose.

SANDVIK

LA POSE DE DALLES DE LIEGE AU MUR

❑ Divisez la surface à revêtir en quatre parties égales. Pour cela, tracez deux axes perpendiculaires, horizontal et vertical, qui se croisent au milieu du panneau.

❑ C'est en effet de cet emplacement qu'il faut faire partir la pose. On donne ainsi une plus grande unité à l'ensemble, des dalles entières étant posées au centre du mur et les coupes réservées en bordure.

❑ Les dalles sont collées sur le support. Ceci implique de préparer la surface très soigneusement. Par ailleurs, s'agissant d'une colle au néoprène qui doit être appliquée sur le support et sur le revers de la dalle (double encollage), aucune rectification n'est possible une fois la dalle mise en place. Aussi, suivez très précisément le tracé effectué au mur pour la pose des premiers éléments, qui serviront à leur tour de guides à la mise en place des suivants (la pose se fait bord à bord).

❑ Marouflez bien, plaquez le revêtement contre le mur. Utilisez pour cela une chute de bois ou encore une bouteille ou un rouleau à pâtisserie.

❑ Les découpes se font à l'aide d'un cutter pour plus de précision. Pour cette même raison, servez-vous d'une règle métallique pour guider la lame du cutter.

LA POSE DE LIEGE SUR SUPPORT PAPIER

Les rouleaux de liège sur support papier se posent comme du papier peint. Après avoir découpé les lés (n'oubliez pas les arasements), préparez la colle. Utilisez une colle vinylique pour papiers lourds.

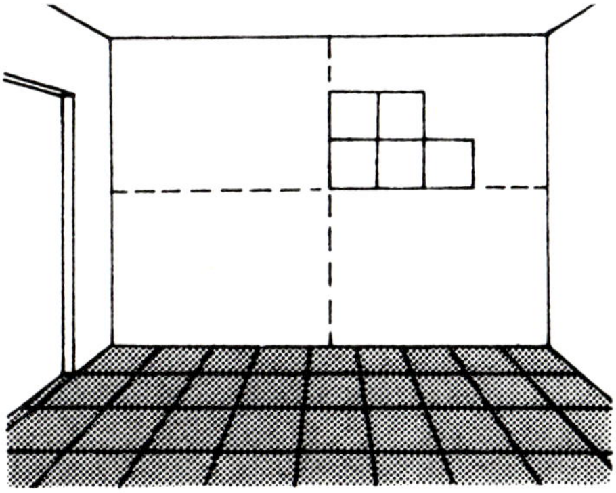

Ci-contre, schéma de pose à partir du centre du mur. Chacune des quatres parties sera progressivement recouverte.
Ci-dessous, à gauche : pose du premier élément, le long du tracé.
Ci-dessous, à droite : marouflage.
En bas, à gauche : découpe au cutter.
En bas, à droite : mise en place d'une baguette quart-de-rond en finition.

Découpe et mise en place derrière un interrupteur. Pose de liège sur support papier. Mise en place de plaque de liège entre tasseaux. Les plaques sont ensuite dissimulées par de l'isorel perforé.

Vous vous servirez ici de l'outillage dont il est question pour la pose du papier peint. Une fois le lé posé, marouflez-le à l'aide d'une brosse souple. Essuyez les bavures de colle en finition.

POSE DE PLAQUES EPAISSES

L'isolation phonique est l'une des propriétés du liège, particulièrement lorsqu'il est présenté en plaques épaisses (plus de 2 mm).

Dans notre exemple, les plaques sont ensuite recouvertes d'un panneau d'Isorel perforé que l'on peut peindre en finition. Autant donc, pour maintenir les plaques de liège que pour permettre la fixation ultérieure du panneau de bois, un réseau de tasseaux a-t-il été disposé par vissage.

Les dalles de liège se posent du centre du sol vers les bords : il faut encoller sol et dalle (double encollage).

LA POSE DE DALLES DE LIEGE AU SOL

❑ Revêtir un sol de dalles de liège, dont la pose se fait par collage, exige une préparation minutieuse... dont on peut se dispenser en recouvrant le sol de panneaux de fibres.

❑ Une fois les axes de pose tracés, encollez le support par petites surfaces (l'équivalent d'une dalle ou deux) et encollez aussi le dos de la dalle (colle au néoprène, à double encollage).

❑ Posez les dalles en allant vers les murs au niveau desquels vous effectuerez les découpes nécessaires.

❑ Pour les découpes particulières, comme celles qui doivent permettre de placer une dalle autour d'une canalisation, effectuez au préalable un tracé très précis (avec un compas, pour notre cas).

Parquets et lambris

Le bois transforme une pièce. Au sol, au mur ou au plafond, il lui donne de l'allure. C'est certainement pour cela que les pièces "nobles" des intérieurs ne connaissaient, et cela pendant fort longtemps, d'autres revêtements que le parquet.

Le bois est en effet apprécié à sa juste valeur. En plus de ses qualités décoratives (quel autre hommage pouvait-on lui rendre que de faire des papiers peints ou des sols plastiques "imitation bois"?), il présente des caractéristiques "techniques" remarquables. C'est, de ce point de vue, un bon isolant thermique, d'une longévité et d'une résistance tout à fait exceptionnelles.

LES PARQUETS

Les parquets occupent toujours l'une des premières places au classement des revêtements de sols, et cela dans une compétition difficile. L'une des raisons en est la mise au point de présentations nouvelles (dalles et panneaux) qui demandent des techniques de pose largement simplifiées.

On distingue donc deux grandes classes de parquets : les parquets en lames, dont la pose se fait directement sur les solives (c'est la plus traditionnelle mais aussi la plus complexe); les parquets dits "de recouvrement" car ils sont posés sur un sol existant, par collage ou par simple emboîtement.

LES PARQUETS EN DALLES

Il s'agit de dalles qui s'assemblent par emboîtement (rainure et languette). On en trouve dans différentes essences de bois. Les dalles sont posées sur le sol, après avoir éventuellement intercalé une couche de feutre spécial pour améliorer l'isolation.

LES PARQUETS EN PANNEAUX

Les plus connus sont certes les panneaux mosaïque. Ils sont faits de plusieurs dalles assemblées en usine. Ils sont parfois dotés d'une sous-couche isolante. On les pose le plus souvent par collage mais certains parquets mosaïques présentent des rainures et des languettes pour être assemblés.

Dans la catégorie des panneaux, vous trouverez aussi des modèles imitant le parquet en lames et donnant, une fois posés, l'illusion d'un parquet traditionnel.

LES PARQUETS EN LAMES

Les lames sont ici posées une à une, clouées sur les solives. Elles s'assemblent entre elles par rainure et languette. Il s'agit de la technique classique qui met en oeuvre des lames fabriquées dans des matériaux tels que le chêne (pour l'essentiel), le hêtre, le pin maritime, etc.

LES LAMBRIS

Ce sont des lames, que l'on assemble par emboîtement, plus destinées aux murs et aux plafonds. On les connaît aussi sous le nom de "frisettes".

Les lambris sont faits de bois de pin ou de sapin, pour les plus courants, de châtaignier ou encore de chêne ou d'essences tropicales telles que le teck,

Différentes qualités et présentation de lambris et le matériel nécessaire à leur pose.

Ci-dessus : fixation des tasseaux qui serviront de support à la pose de la frisette.
Ci-dessus, à droite : pose des lames (assemblage par rainure et languette).
Ci-contre : mise en place d'une "Fixette" dans la rainure.

l'acajou, le palissandre, etc. Ces dernières sont bien entendu les plus chères.

Les lames sont classées dans quatre principales catégories répertoriées par les lettres A, B, C et D. La première signale que les lames ne présentent aucun défaut, tandis que la dernière comprend des lames sur lesquelles il a été toléré certains noeuds et autres défauts, ne mettant pas en cause, pour autant, la solidité du matériau. Les classes C et D sont intermédiaires. Il s'agit d'une codification normalisée et, bien sûr, les prix diffèrent selon les cas.

Par ailleurs, les lames sont disponibles dans des largeurs, longueurs et épaisseurs différentes, certaines ayant reçu un traitement protecteur en usine.

Enfin, vous pourrez choisir des lames préassemblées et formant des panneaux entiers (paneling) qui autorisent une pose plus rapide. D'autres panneaux, plaqués d'essences de bois noble, rendent possible la réalisation de décors somptueux.

LA POSE DE FRISETTE

Il est particulièrement intéressant de recouvrir un vieux mur de lambris : vous vous éviterez de longs travaux de rénovation de la maçonnerie. Les lames étant fixées sur des tasseaux, commencez par constituer le réseau qui va les accueillir. L'épaisseur des tasseaux va permettre, en outre, de décaler les lames du mur, ce qui contribuera à l'isolation de la pièce. La couche d'air intermédiaire tient lieu

Les "Fixettes" maintiennent les lames contre les tasseaux. Elles sont elles-mêmes agrafées (ci-dessus, à gauche) ou clouées.

d'isolant, mais il est aussi possible de placer des plaques de polystyrène expansé, de liège ou de laine de verre.

❑ Décalez légèrement les tasseaux du mur à l'aide de petits blocs de bois : ceci aura pour effet de favoriser la circulation de l'air, ce qui est indispensable si le mur est humide.

❑ Ces préparatifs terminés, passez à la pose des lames. Vous pouvez les placer entières, mais une disposition à joints rompus (ou à coupe de pierre) est sûrement moins monotone. Il faudra, dans ce cas, couper les lames une fois sur deux (servez-vous d'une simple scie égoïne).

❑ Les lames sont fixées sur les tasseaux soit par clouage dans les rainures, soit par l'intermédiaire de petits accessoires que l'on connaît sous le nom de "Fixettes". Dans le premier cas, chassez la tête de la pointe dans le bois pour qu'elle ne gêne pas l'assemblage.

Attention largeur !

Avant d'acheter le lambris, prenez les dimensions du mur à recouvrir: la hauteur, pour choisir des lames en conséquence, ce qui peut-être vous évitera de nombreuses découpes : la largeur, pour tenter de trouver des lames dont la largeur précisément, va permettre la mise en place d'un nombre entier de lames, ce qui est plus esthétique et ce qui dispense de retailler le dernier élément posé.

En haut : pose à joints rompus sur tasseaux et isolation par polystyrène expansé.
En haut, à droite : isolation à l'aide de laine de verre (sous toiture) avant la pose de frisette.
Ci-dessus : mise en place d'un élément d'angle.

❑ Si vous retenez la seconde méthode (nos photos p. 72 et 73), introduisez la partie de la "Fixette" maintenant la lame dans la rainure. L'accessoire est lui-même maintenu contre le tasseau par agrafage ou clouage. Emboîtez ensuite la lame suivante. Si vous devez découper le lambris, tracez au préalable la ligne de sciage à l'aide d'une équerre.

❑ La pose se fait d'une extrémité du mur à l'autre. La première étant placée rainure vers la lame suivante, il peut s'avérer nécessaire de faire sauter la languette qui viendrait buter contre le mur perpendiculaire. De la même façon, la languette de la dernière lame posée, à l'autre extrémité, sera éliminée si la lame n'a pas dû déjà être retaillée dans sa largeur.

❑ Pour terminer, placez les moulures d'angles qui masqueront coupes ou raccords, un quart de rond dans l'angle formé par le plafond et le mur lambrissé et enfin une plinthe.

LA POSE DE PARQUET MOSAIQUE

❑ Le parquet mosaïque est fait de petites lamelles de bois sur filet et formant des panneaux carrés. Cette présentation permet de travailler rapidement en ayant pris, au préalable, le soin de préparer le sol très soigneusement.

❑ Les panneaux sont en effet collés sur le support, avec la possibilité cependant, de placer un intermédiaire, isolant. La pose doit débuter au centre de la pièce, afin de former un ensemble plus harmonieux.

❑ En conséquence, tracez l'axe perpendiculaire à la porte d'entrée : utilisez un cordeau à poudre après avoir pris vos repères aux deux extrémités.

❑ La pièce est ainsi divisée en deux parties, que vous allez recouvrir l'une après l'autre. Alignez une longue règle de bois sur l'axe : elle va servir de guide à la pose de la première rangée de panneaux. Immobilisez fermement cette règle : les panneaux lui étant adossés, elle ne doit surtout pas bouger pendant le séchage de la colle.

❑ Etendez la colle (spéciale pour parquets) à l'aide de la spatule crantée. Couvrez une surface correspondant à trois ou quatre panneaux. Le filet qui constitue le revers du parquet permet un bon accro-

Matériel nécessaire à la pose de parquet mosaïque.

La pose se fait à partir du centre de la pièce, le long d'une règle.
Si nécessaire, découpez les plaques en sectionnant le filet au revers.
Ci-dessus, à gauche : mise en place des éléments de bordure.
Ci-dessus : marouflage.

chage : cependant, il est possible de rectifier la position, la colle n'étant pas à prise instantanée.

❑ Une fois la première partie de la pièce recouverte, enlevez la règle-guide et posez les panneaux sur la seconde moitié. Parvenus en bordure, séparez les lamelles (en coupant le filet) pour combler l'espace restant. Si besoin, retaillez chacune des lamelles en utilisant une scie à dos et une boîte à onglets pour plus de précision.

❑ Marouflez toute la surface avec une batte. Après séchage de la colle (dont le temps est indiqué par le fabricant), vous passerez aux travaux de finition, si la parquet n'en a pas reçu en usine. Vous aurez le choix entre l'encaustiquage,

Pose de lames de parquet : servez-vous d'une cale pour ne pas endommager la rainure.

l'imprégnation et la vitrification, après ponçage au papier de verre fin.

> *Un carrelage ne peut en aucun cas servir de support à la pose d'un parquet mosaïque : la colle ne tiendrait pas et les lamelles ne tarderaient pas à sauter.*

LA POSE D'UN PARQUET EN DALLES

❑ Poser un parquet en dalles est le moyen le plus rapide de "changer" de sol. Une telle opération ne demande en effet ni colle ni clous, les dalles étant assemblées par rainure et languette.

❑ Il est ainsi très facile de recouvrir une moquette usagée, un vieux parquet, un revêtement plastique et même un carrelage ancien, à condition qu'il soit plan. Ce type de parquet a largement mérité le nom de "parquet de recouvrement". Bien souvent, il est utile de disposer un isolant en sous-couche, par exemple du feutre bitumé, vendu en rouleaux.

❑ Commencez par former un panneau carré de neuf dalles. Frappez sur leur chant avec un maillet pour les assembler,

La pose des dalles se fait ici sur feutre bitumé déroulé sur le parquet (ci-dessous, à gauche).
Les dalles sont assemblées de sorte à former des carrés (ci-dessous), puis bloquées les unes contre les autres.
Disposez des petites cales de liège qui permettent de réserver un joint de dilatation en périphérie.
En bas, à droite : pose d'un élément de bordure après découpe à la scie égoïne.

en pensant à intercaler un petit bloc de bois pour ne pas les endommager.

❑ Vérifiez l'équerrage du carré constitué et mettez-le en place dans l'un des angles de la pièce. Si les murs ne sont pas exactement d'équerre, taillez le bord du carré pour qu'il prenne sa place. Ne le bloquez pas contre les murs; insérez plutôt, entre les dalles et les plinthes, de petites cales en liège de quelques millimètres d'épaisseur, de façon à réserver un joint de dilatation. Sans cette précaution, vous pourrez avoir du mal à ajuster l'ensemble du parquet. Ces petits bouts de liège seront ôtés en finition, l'espace restant pouvant être dissimulé par une baguette quart de rond.

LA POSE D'UN PARQUET EN LAMES

Si vous entreprenez d'aménager les combles, la pose de lames de parquet est une solution pour créer un sol (on peut aussi, tout simplement poser des panneaux de particules pour les recouvrir, par exemple de moquette).

❑ Les lames s'emboîtent les unes dans les autres grâce à la rainure et la languette façonnées sur chacun de leur chant.

❑ Avant de les mettre en place, par clouage sur les solives, coulez un matériau isolant léger entre celles-ci. Cela peut être des granulés de liège, comme sur notre photo, ou encore de la Vermiculite. Il est en effet important de constituer un barrage thermique à ce niveau, pour limiter les déperditions de chaleur (comme on le sait, l'air chaud a tendance à monter).

L'assemblage des lames se fait par rainure et languette (ci-contre).
Ci-contre, en bas : fixation des lames par clouage sur les solives. Remarquez les granulés de liège qui font office d'isolant.
Ci-dessous : vue schématique de la disposition des lames sur les solives.

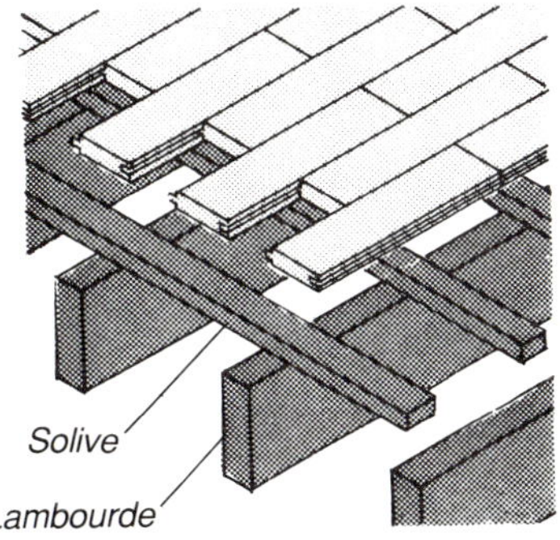

Si les combles doivent être habités, il sera plus logique d'établir le barrage thermique directement sous la toiture, avec par exemple des panneaux de laine de verre insérés entre les chevrons. Dans ce cas, on pourra, en finition, poser de la frisette ou encore des plaques de plâtre qui serviront de support à un autre revêtement.

❑ Disposez les lames à joints rompus: c'est plus esthétique. Clouez dans la rainure et chassez bien les têtes des clous qui, sinon, gêneraient l'emboîtement.

L'ENTRETIEN DES PARQUETS

Les parquets de recouvrement sont souvent vitrifiés en usine. Mais si ce n'était pas le cas, il faudra leur apporter vous-même la finition qui convient. Par la suite, l'entretien se limitera à des interventions courantes qui vous aideront à conserver sa beauté au bois.

On distingue trois sortes de finitions : la vitrification, l'imprégnation et l'encaustiquage .

LA VITRIFICATION

Plus exactement, il faut dire "vernissage". Le produit, bien souvent un vernis polyuréthane, est appliqué à la brosse plate après ponçage et dépoussiérage du bois. C'est une opération longue, fastidieuse presque, mais qui donnera un résultat durable (plusieurs années et un entretien ultérieur très facile).

Après clouage, chassez la tête du clou pour qu'elle ne gêne pas l'assemblage.

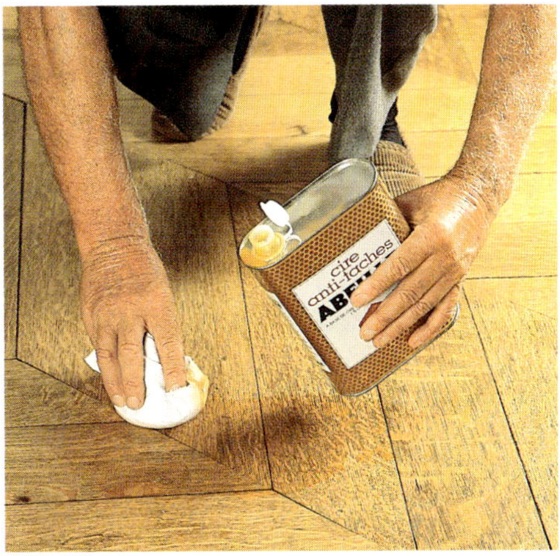

Avant encaustiquage (en haut, à droite), il faut passer un décireur (en haut, à gauche).
Le vernissage du parquet (ci-dessus, à gauche), facilite l'entretien ultérieur.

L'IMPREGNATION

Il s'agit d'"imprégner" le bois d'un produit (sealer) de traitement et imperméabilisant. Cette opération doit toujours être accompagnée d'un encaustiquage.

L'ENCAUSTIQUAGE

Si vous venez de poser le parquet, passez au moins deux couches de cire. Par la suite, les soins doivent être réguliers. Notez qu'il existe des encaustiques aux silicones qui formeront un film protecteur (imperméable) en surface.

Les revêtements plastiques

Finis les préjugés à l'encontre du plastique! Les vinyles modernes s'intègrent à tous les styles. Une infinité de motifs et de couleurs convaincra les plus réticents d'entre nous qui sont restés sur le souvenir du vieux linoléum.

En revêtements de murs comme de sols, le plastique associe en effet d'indéniables qualités décoratives à une parfaite résistance à l'humidité, aux chocs, à la chaleur, aux taches, etc. Il est aussi un bon isolant thermique et phonique non négligeable. Enfin, et cet argument est loin d'être le moindre, il est d'un excellent rapport qualité/prix.

LES REVETEMENTS DE SOL

Les revêtements de sol en plastique (polychlorure de vinyle : PVC) se présentent en rouleaux ou en dalles.

En rouleaux, ils sont disponibles en 2, 3 ou 4 m de large dans des épaisseurs qui peuvent varier de 1,5 à 4 mm. Généralement constitués d'une sous-couche fabriquée à base de PVC et de granulés de liège, ils offrent des qualités d'isolant phonique intéressantes. Ils peuvent aussi recevoir du feutre en sous-couche, ce qui leur donne une très bonne souplesse (malgré une certaine sensibilité à l'humidité).

Les rouleaux de PVC sont parfois fabriqués par superposition de plusieurs couches : le confort du matériau en est alors augmenté, tout comme sa souplesse et sa résistance.

Enfin, parmi les derniers nés des revêtements vinyles, vous trouverez les vinyles expansés, dont les qualités (résistance, imperméabilité, facilité d'entretien, parfaite tenue des coloris, isolation, etc.) lui valent un franc succès.

L'un des grands avantages des revêtements en rouleaux est la facilité de

	Structure	Caractéristiques	Technique de pose	Remarques
Feutres plastifiés	PVC sur feutre, décor imprimé ou incrusté. Epaisseur : 2 à 4,5 mm.	Souples, dissimulent les irrégularités mineures.	Obligatoirement collée.	Déconseillé sur sols chauffants.
Feuilles PVC	Feuilles extraminces. Epaisseur : 1 ou 2 mm pour les triple-couches.	Souples, peu onéreuses. Le support doit être parfaitement plan.	Pose collée conseillée.	
Vinyles expansés à relief	Couche de vinyle avec décor PVC en creux sur support en fibres minérales.	Très résistants, isolants, hydrofuges, souples et très stables.	Pose libre ou sur bandes adhésives.	Revêtement de grande qualité.
Dalles vinyles	Vinyle amiante, PVC homogène ou vinyle sur support liège.	Souvent épaisses et résistantes, décors très variés.	Pose collée (des dalles sont auto-adhésives).	Pas plus faciles à poser que les lés.

pose. Pourtant, pour des questions de goût ou dans un souci de décoration, vous pourrez préférer les dalles de vinyle.

Celles-ci forment aussi une grande famille : sur support en liège, moulées, en caoutchouc, en vinyle-amiante, différents matériaux parmi lesquels vous choisirez selon l'endroit où vous devez les poser et l'investissement que vous voulez faire.

Notez que certaines dalles n'autorisent pas une pose au sol, mais qu'il est possible, le plus souvent, de toutes les poser au mur.

LES REVETEMENTS MURAUX

Présentés en rouleaux de 1 m à 1,50 m de large, ils sont constitués de PVC sur support textile, sur sous-couche en mousse ou encore en PVC expansé. Ils sont très simples à poser (comme du papier peint) et offrent une résistance et une facilité de pose tout à fait exceptionnelles, ce qui en fait des revêtements privilégiés pour les cuisines et les salles de bains.

Fini le temps du lino ! Les revêtements vinyles contemporains, en dalles ou en rouleaux, pour les sols ou pour les murs, sont particulièrement attrayants, gais et pratiques.

Le vinyle en rouleau se pose très facilement, par collage. Commencez par mouiller le lé avec une éponge puis encollez le mur. Appliquez ensuite le revêtement et enfin marouflez.

LA POSE MURALE

❑ Commencez par débarrasser le mur de l'ancien revêtement. Préparez-le pour lui donner un aspect parfaitement net. S'il est peint, un ponçage suffit. Si le support est poreux (plâtre, ciment), passez une première couche de colle la veille.

❑ Utilisez une colle vinylique ou acrylique en émulsion dont vous trouverez différentes marques dans le commerce. A la différence de celle du papier peint, la pose d'un revêtement de vinyle se fait par l'encollage du support et non du lé. Etalez la colle avec une spatule crantée. Le vinyle étant un revêtement souple, la pose des lés en est simplifiée. Découpez-les en conservant quelques centimètres supplémentaires en haut et en bas pour les arasements qui interviendront en fin de pose.

A l'aide du bout rond des ciseaux, faites que le vinyle épouse correctement l'angle formé par les murs.

N'oubliez pas le joint d'étanchéité (au silicone) entre le mur et le plan de travail comprenant l'évier.

> *Avant de poser le vinyle, entreposez-le pendant 48 heures dans la pièce chauffée où il doit être posé. La chaleur l'assouplit et il est alors plus facile à manipuler.*

❑ Posez le premier selon une verticale que vous aurez relevée près de l'angle d'un mur (comme pour le papier peint). Marouflez immédiatement après la pose, avec la brosse ou avec un chiffon propre. Les lés suivants se posent bord à bord.

❑ La souplesse du revêtement permet de le faire adhérer dans les angles, par simple pression. Servez-vous des bouts ronds des ciseaux.

❑ Immédiatement après la pose, essuyez les taches de colle qui doivent partir avec une éponge humide. Si cela ne suffit pas, employez un peu d'alcool.

❑ Si la pose s'est faite dans la cuisine (nos photos) ou dans la salle de bains, placez un joint d'étanchéité aux zones de contact entre le mur et les appareils sanitaires, l'évier ou le plan de travail.

L'ENTRETIEN

De l'eau additionnée de détergent suffit. Rincez et lustrez, mais ne cirez jamais.

N'employez pas non plus de solvant de type acétone ou trychloréthylène. Enfin, laissez sécher le revêtement que vous venez de poser au moins 48 heures avant d'envisager de le rincer une première fois.

L'axe de pose tracé, encollez le sol sur une surface correspondant à quelques dalles.

Assouplissez chacune des dalles avant de la poser en la faisant légèrement chauffer au-dessus d'une flamme.

POSE DE DALLES VINYLE-AMIANTE AU SOL

❑ La pose des dalles doit se faire à partir du centre de la pièce si l'on n'est pas sûr de l'équerrage des murs. Cela permet, de plus, de répartir harmonieusement les coupes en bordure. Cependant, il est conseillé de procéder à une pose à blanc de façon à s'assurer de la position des dalles. Ceci est indispensable si, de différentes couleurs, elles forment un damier.

❑ La pose de dalles au sol n'est possible que sur un support parfaitement plan, éventuellement ragréé. Tracez les axes de pose et partez de l'endroit que vous aurez défini par la mise en place provisoire. Dans notre exemple, la pose débute contre le bas d'un meuble de cuisine qui représente l'élément saillant de la pièce et contre lequel il ne serait pas esthétique d'avoir des coupes.

❑ Encollez le sol (utilisez un produit spécial pour revêtement vinyle). Pour préparer les dalles à adhérer, faites-les chauffer au-dessus d'une flamme : ceci aura pour effet de les assouplir, facilitant leur positionnement et leur accrochage.

❑ Posez les dalles en faisant coïncider leur bord avec le tracé. Appliquez fermement. Placez chaque dalle contre la suivante. Recouvrez ainsi l'ensemble de la surface puis passez aux coupes.

❑ Pour cela, procédez selon la technique valable pour les dalles de moquette ou pour le carrelage : superposez une première dalle sur celle collée en fin de rangée et posez une seconde dalle pardessus, mais en la calant contre le mur. Tracez ensuite, en suivant le bord de l'élément supérieur, et découpez la dalle intermédiaire selon cette ligne. S'il faut effectuer une découpe pour couvrir un angle sortant (photo p. ci-contre) , procédez ainsi :

❑ Faites un premier tracé comme indiqué précédemment, contre l'un des murs;

❑ Déplacez la dalle à découper et celle qui sert de guide contre l'autre mur, de sorte à effectuer le second tracé;

❑ Découpez au cutter : la partie restante s'intègre parfaitement dans l'espace vide.

Posez les dalles selon l'axe tracé. Assouplies, elles sont plus faciles à positionner.

❑ En finition, posez une barre de seuil : ceci est indispensable pour protéger le revêtement à ce niveau.

POSE DE VINYLE EN ROULEAU

Dans la mesure du possible, achetez le revêtement en grande largeur : vous n'aurez pas de raccord à effectuer si les dimensions de la pièce s'y prêtent.

Si la superficie du local le permet (moins de 10 mètres carrés), vous pourrez installer le revêtement à pose flottante. Encore faut-il qu'il soit lourd et épais pour garder une bonne stabilité.

Néanmoins, les méthodes de pose les plus couramment mises en oeuvre sont la pose collée ou la pose semi-fixe. La seconde est certainement la plus simple (elle présente l'avantage de vous laisser libre d'ôter le revêtement à tout moment), les lés prenant appui sur de l'adhésif double-face disposé en périphérie et sur la ligne de jonction entre deux les

La colle employée pour la pose des dalles émet des vapeurs nocives : travaillez la fenêtre ouverte et surtout ne fumez pas. Par ailleurs, évitez les colles au néoprène : leur prise instantanée ne vous laisserait pas le temps de positionner correctement les dalles.

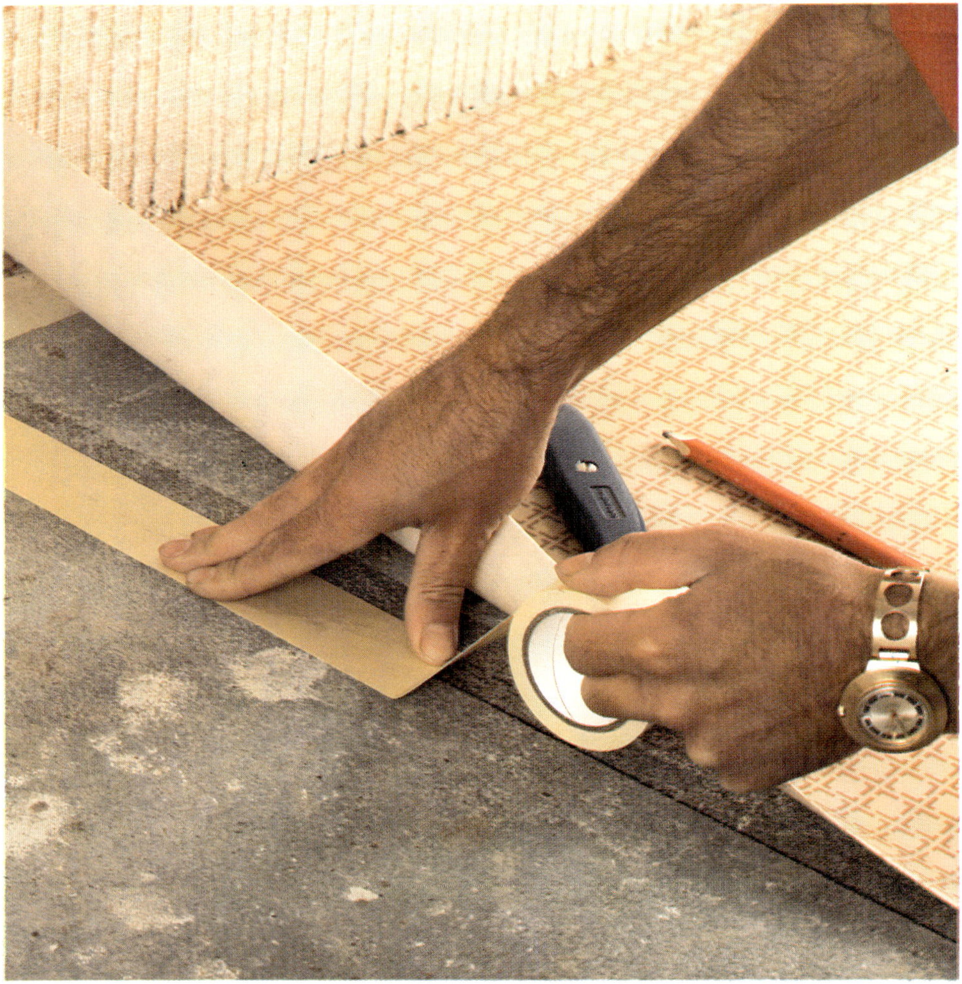

Pose de vinyle en rouleau. Quelques bandes d'adhésif double face disposées en périphérie (contre les plinthes) et à la jonction entre deux lés suffisent à maintenir le revêtement. Collez l'adhésif, à cheval sur l'axe de jonction entre deux lés, sans retirer, pour l'instant la pellicule protectrice supérieure.

(dépoussiérez et dégraissez le sol avant son application).

La pose collée, qui demande un peu plus de temps, procure au revêtement une parfaite tenue. Elle est à préférer dans les salles de bains ou dans les cuisines. Dans l'un ou l'autre cas, arasez au niveau des plinthes en finition.

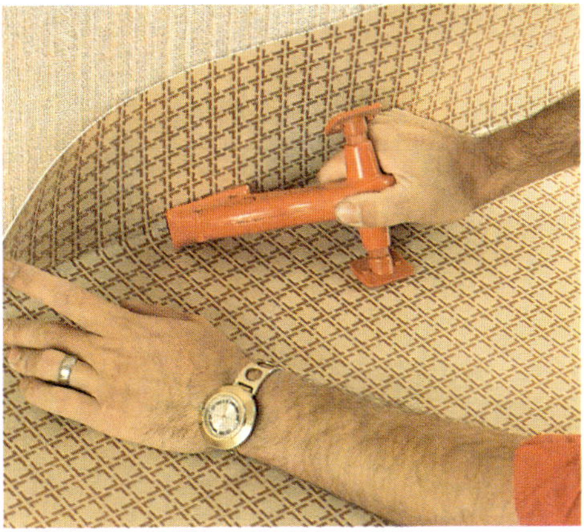

Faites que les deux lés se superposent légèrement et coupez-les ensemble, en guidant la lame du cutter le long d'une règle métallique (en haut, à gauche). Après la coupe, retirez les bandes (en haut, à droite). Il suffit ensuite de retirer la pellicule protectrice de l'adhésif et d'appliquer l'extémité des deux lés sur ce dernier.
En finition, arasez au bas des murs (ici, ci-dessus à gauche, à l'aide d'un araseur) et, si nécessaire, clouez une plinthe (ci-dessus, à droite).

Roulez le vinyle à contresens juste avant la pose. Ceci aura pour effet de compenser la tendance qu'a le revêtement à se relever.

INDEX

TABLE DES MATIERES

Crédit photographique :

C. Pessey / Les Cours.
Colortec (p. 7) ; Inaltera (p. 9 en bas, p. 10 en haut, p. 31) ; Sarlino (p. 85) ; Valentine (p. 27) ; Vénilia (p. 8 en bas, p. 10 en bas).

Dépôt légal : 3e trimestre 1987
nº 1 455

ISBN : 2-7372-4004-2

Imprimé en C.E.E.